世界数学遺産ミステリー 5

神が創った“数学”ミステリー

宗教と数学と

仲田紀夫著

黎明書房

はじめに

「宇宙的宗教こそ、
科学的研究の最強で最高の原動力。」

この言葉は、数学とも深くかかわる理論物理学の世界で、相対性理論の創設者として有名なアインシュタイン（一八七九〜一九五五）が、無神論者を自負しながら著書『宗教と科学』（一九三〇年）で述べたものである。

しかし、無神論者の彼は、決して神や宗教の問題に無関心であったのではない。

〝擬人的な神の観念と、それに基づく宗教〟は認めないが、一方で、〝宇宙の神秘を鋭く感知する宇宙的宗教性に、宗教の真髄をとらえ、宗教的な人間〟を自認していたという。

数学者で、やはりアインシュタイン的無神論者の三《み》須《す》照《てる》利《とし》教授——通称**ミステリー教授**——は、つねづね数学を次のように位置付けている。

「宗教と科学とは学問の対極にあり、数学はその科学の極の端にある。」

それだけにアインシュタインの思想には大いに共鳴するところがあった。とりわけ彼の、

「われわれの経験し得るもっとも美しいものは、**神秘的**なものである。

それは真の芸術、真の科学の揺籃となる基本的感情である。そのことを知らない人、不思議な思いや驚異の念にとらわれないような人は、いわば死んだも同然であり、その眼はものを見る力を失っている、といわねばならない。」

という考えには大いに納得し、自らが、〝**数学が不思議と驚異の神秘に満ちた学問**〟として長年愛好し続けてきたことへの理論付けになると受けとめた。

と、どうやら出だしが、いささか固くなってしまった。とかく〝宗教〟というと心が正座してしまうようであるが、いまから〝数楽の本〟のペースで話を進めることにしたい。

さて、三須照利教授は数学の神秘性をとらえる一つの方法として、〝学習の感動〟を重視し、これを明らかにするため毎年、学生の講義時間に、

「あなたの小学生から大学生までの十数年間の算数・数学学習で、感動した内容をあげよ。」

というアンケートをとり、それを分類している。

彼によると〝学習の感動〟はさらに次の五つに分けられるという。

感激（すごいナー）　三平方の定理や三角形の五心——内心、外心、重心、垂心、傍心——

感嘆（う〜ン、うまい）　連算や証明での補助線、不可能の証明など

感銘（印象深い）　発見者名の定理や公式など——メービウスの帯、ビュッフォンの針——

感興（おもしろい）　いろいろなパズルなど——虫食算、小町算、一筆描き——

感服（やられた！）　不思議なパラドクスなど——アキレスと亀、壷算、遺産問題——

これらの感動は、数学者の研究のエネルギーになると共に、この不思議と驚異が、つい神の存在を意識してしまうのである。

数学界に確固としたこの宇宙的宗教性が、他の学問ではあまりみられない、次の独特の傾向をもっている。

一、信仰性――定理の発見などで、神へ感謝の生贄《いけにえ》を捧げた。

二、記念性――自分の好んだ図形など墓に刻んだり、算額を奉納した。

三、名誉性――有名な定理、公式などは、発見者の名がつけられた。

四、競争性――公開の場や書物で、数学試合がおこなわれた。

五、秘伝性――高度な発想や方法が、学派内だけの秘密とされた。

数学者は「〝数学〟は人間誕生以前に神が創ったもので、人間の中の数学好きが、数学に挑戦しそれを発掘していくものである」と考える。そのため、数学を学ぶといつしか神がみえてくるのである。

あなたも、本書を通して、〝神と会話〟をしよう。

著　者

〔参考〕日常、社会の問題や自然現象を解明するとき、数学が大きな力を発揮するが、このとき、いくつもの段階がある。
これを、数学の特性として項目別にすると次のようである。

数学の特性と手法

(一) 自然現象、社会事象の数学化の方法
○数量化　○図形化　○記号化　○用語化　○グラフ化　○情景化

(二) 数学的な構成の仕方
○理想化　○抽象化　○モデル化　○公式化

(三) 数学的見方や処理
○形式化　○能率化　○構造化　○特殊化
○一般化　○明確化　○単純化　○統合
○拡張　○分析　○分類　○解析

(四) 構成の検証、確認
○論理　○論証　○演《えん》繹《えき》

(五) 発展や発見の方法
○直観　○類推　○帰納　○試行錯誤
○洞察　○見通し

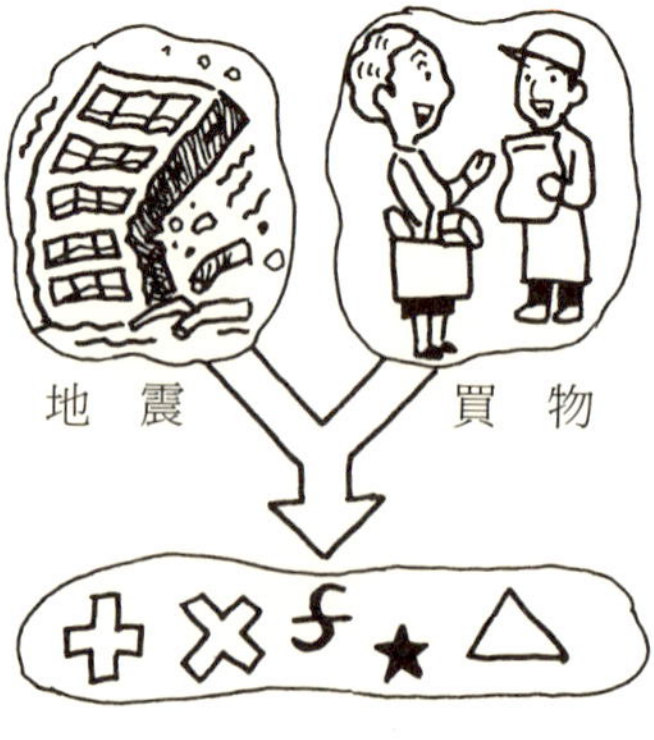

〃三個のリンゴ〃の記念樹

中国梁《りょう》時代の張は、金陵の安楽寺の壁に竜を描いたが、目玉は描かなかった。人々が不思議に思ってたずねると、「もしこの竜に目玉を入れると、天に向かって飛んでいってしまう」と答えた。人々が大嘘つきだ、というと張は目玉を描いたが、すると竜は雷鳴のとどろきと共に天に登ってしまった、という故事が、〃画竜点睛《がりょうてんせい》〃である。

本書では、本文中の語り足りない部分（目玉）を、この〃画竜点睛〃のページで述べ、完全なものにしようと考えている。

まずモデルとして後にでてくるリンゴの話にちなんだ数学者物語を紹介しよう。

一流の数学者の中には、自分の研究中、もっとも誇りに思う内容を、遺言で墓碑にしてもらうという習慣がある。父子数学者で『非ユークリッド幾何学』の創設者ヨハン・ボヤイ（息子）は、

「私の墓場には記念碑などいらない。ただ三つのリンゴを記念するために一本の木を植えよ。その三つのリンゴとは、一つはイブ、もう一つはパリスのもので、これらは両方とも地球を地獄に化したものである。もう一つはニュートンのもので、地球をふたたび天体の群に引きあげたものだ。」

と。彼は剣の達人でバイオリンの名手、という多才な数学者であった。

バビロニア王国（現イラク）
〃神の門〃（バベル、紀元前30世紀）

ギリシア　アテネ
〃パルテノン神殿〃（アクロポリス、紀元前4世紀）

目次

第2章 数学の美

第4章　宗教と数学　101

第5章　奇跡と数学　147

解説・解答（※世界数学遺産ミステリー④『メルヘン街道数学ミステリー』の〝遺題〟の解答もふくむ）

本書の〝遺題継承〟

本文イラスト…筧　都夫

第1章 神と数学

“神の住むネムルート山”の有名な夕陽(トルコ)
――多くの信者，観光客が登頂する。――

バベルの塔(イラク)
――ノアの子孫（ニムロデ王）が天に達する塔を築こうとして神の怒りをかい、倒壊された上、人々の言語が別にされ相談できなくなった。――

一、アダムとイブの数学

男女の数学性差

旧約聖書によると——、

〝神は自分の姿に似せてアダムをつくり、楽園をつくった。つぎにアダムのろっ骨からイブをつくったが、二人はヘビの姿の悪魔の誘惑に負けて禁断の実のリンゴを食べたため、その罪で楽園から追放された。それ以降、人間は「死と苦しみ」からのがれられなくなった。〟

とある。

三須照利教授は、世界最古の文化地であるメソポタミアの遺跡を探訪するため、一九九〇年八月二日早朝、イラクの首都バグダッドの空港に下りたったが、この朝イラクは隣国クウェートへ進攻し、戦争状態に入り、教授一行は、人質的な存在におかれた。(拙著『イスタンブールで数学しよう』参考)

バビロニアでは紀元前五世紀にネブカドネザル二世がエルサ

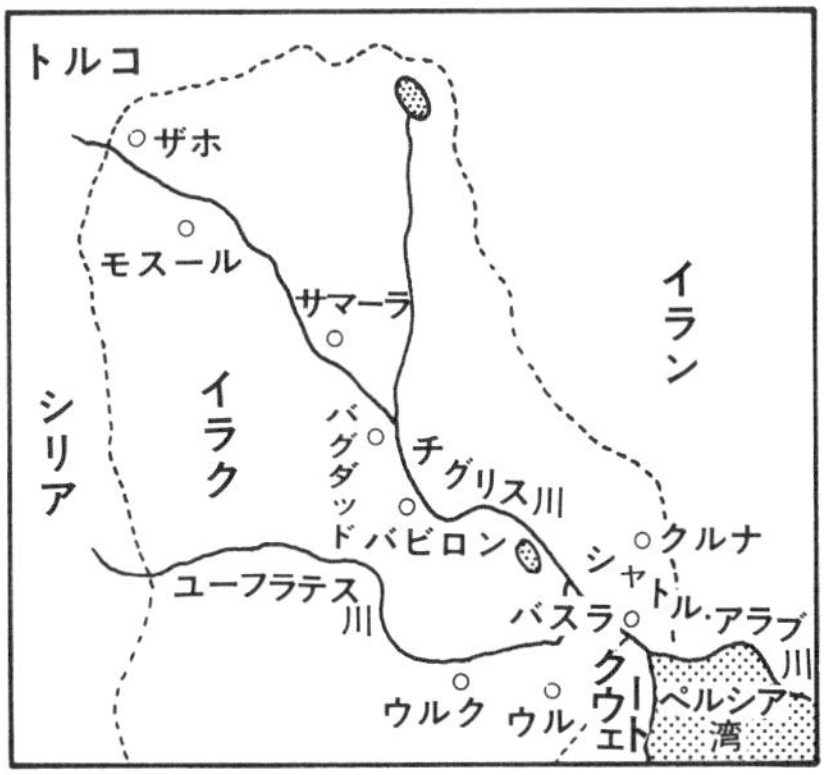

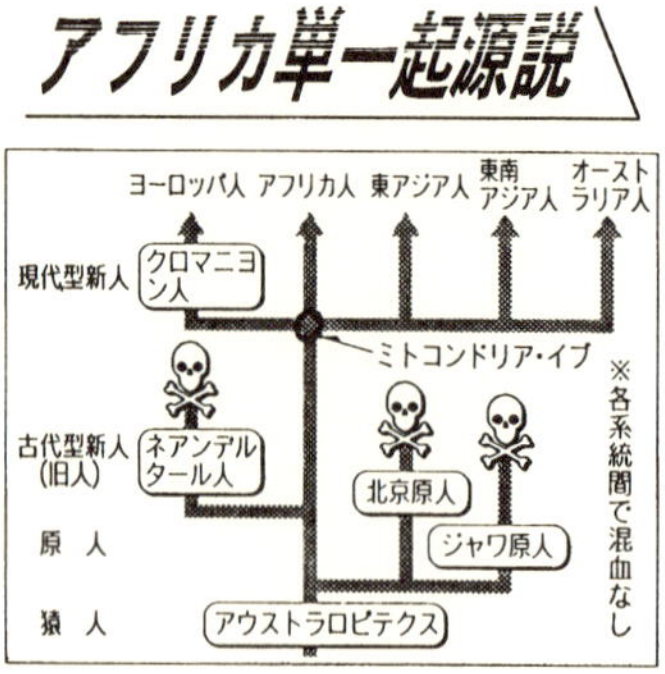

（日本経済新聞 1993年12月12日）

レムを征服し、ユダヤ人を強制的にバビロンに幽閉する、という有名な「バビロン幽囚」の過去がある。

幸い教授一行はビザがあったため、国内を一週間旅行することができたが、残念だったのは彼が是非探訪を希望していた遺跡の一つ、「禁断の実をつけたというリンゴの木が現存し、方舟《はこ》があるという地」へ、危険で行けなかった点である。

もっとも、その地名がよくなかった。

〝クルナ〟がその地名である。ナント!!

アダムとイブの神話はさておき、最近、〝人類の起源〟について、遺伝子研究によって次の二説がある。

単一起源説――二十万年前、アフリカに登場した一人の女性「ミトコンドリア・イブ」の子孫。
多地域進化説――ネアンデルタール人や北京原人の血を受け継いだもの。
保存状態のよいネアンデルタール人の骨について日本人研究者がDNA鑑定で、この対立に決着をつけようとしているという。
三須照利教授は、「ミトコンドリア・イブ」に興味をもち、男女性差を調べることにした。
（注）ミトコンドリアDNAは卵子（母親）だけを介して遺伝する。そこでルーツは一人の女性となる。

（女性の傾向）	（男性の傾向）
○直接環境・既成的・具体的事物に注意を向けることが多い。	○遠い環境・構成的・抽象的事物に注意を向けることが多い。
○静的または完成した事物に気をうばわれる。	○物事の動的方面に注意を向ける。
○事物そのものに関心がある。	○事物関係に関心がある。

『差異心理学』（三好　稔著、金子書房）によると、「男女の傾向の差」は上のようであるという。この傾向は他の図書、論文にもみられるものであるので、神による先天的（遺伝的）な性差ということができよう。

さて、この男女の性差が、数学の学習上でどのような関連をもってくるのであろうか。

まず、教科と学力差の具体例をみてみよう。

公立高校入学共通テスト（東京都）

年度 ＼ 教科	1961年	1962年
国語	−0.4	−1.0
社会	+7.0	+8.8
数学	**+8.5**	**+13.2**
理科	+11.7	+13.1
音楽	−2.4	−1.3
図工	+4.8	+1.2
保・体	+3.2	+3.4
職・家	+5.2	+4.2
英語	+1.0	+0.8

五教科の偏差値平均（1989年　埼玉県の業者テスト）

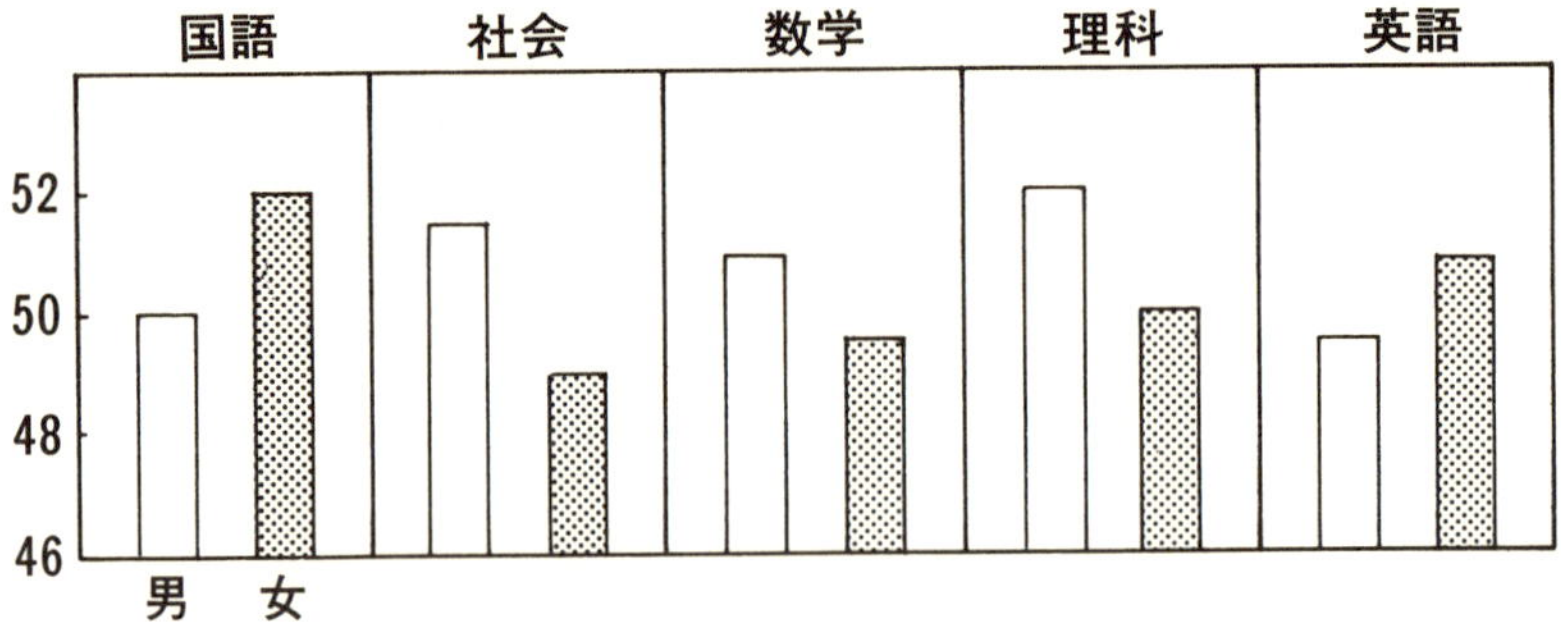

四十余年前の東京都では、公立高校の共通テストは全教科で、前ページの表は一〇〇点満点での男女差（男―女）である。数十万人の受験生なので、わずかな差でも統計的に有意な差といえるであろう。

この結果では、

○数学、理科が大きく男子が優り、

○国語、音楽は女子の方が良い

といえる。

当時は、男子には受験、進学への促進的要因が強く、女子には阻止的要因が働いていたので、それぞれの能力が公平に発揮されたとはいえないであろう、と予想された。

そこで三須照利教授は、埼玉の大学在職中に業者テスト（当時公私立高の受験生は、ほとんど受けている）での五教科について偏差値平均の男女差をグラフでみることにした。

○社会、数学、理科は男子が強く、

○国語、英語は女子が強い

という傾向が読みとれる。

これらから、数学は女性に向いていない教科、学問なのか、という疑問が湧いてくる。
ここで三須照利教授は、数学内容の分析と、男女性差傾向（一七ページ）とを対比して次のような結論を導いている。

○数計算、文章題、作図や求積、証明など静的で根気を必要とするものは女子向き
○関数やグラフ、また確率・統計など動的で事物関係にかかわるものは男子向き

といえるのではないか。テストや入試では後者の内容が多く、配点も高いので、総点では男子の得点が高くなる、と。

人間を創った神は、どのように答えるであろうか。

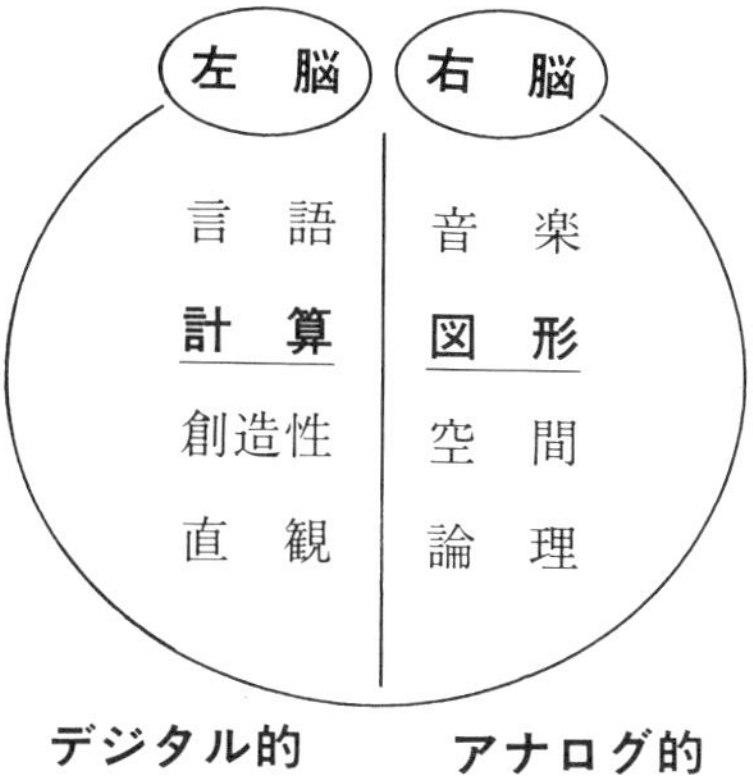

男女の性差とは別に、個人として文系、理系という分類も顕著であるようにみられる。
人間の脳は左脳と右脳で働きが異なるといわれ、上図のように、左脳はデジタル的、右脳はアナログ的であるという。
各個人によって、左・右脳の優劣の表われ方が異なるために、文系、理系のタイプが発生するのではないか、と予想される。
物事をデジタル的つまり数量的にとらえようとするか、アナログ的つまり図形的にとらえようとするか、の差異は、神が与

えた先天的なものであろうか？

広く文化史的にみると、

○メソポタミア、インドの東方はデジタル的――代数学系

○エジプト、ギリシアの西方はアナログ的――幾何学系

ということができるので、民族差ということもできる。

一人の個人の場合、文系、理系は先天的（素質）なものなのか、後天的（環境）なものなのか？

これについての解答は、幸いに〝神〟が鍵を与えてくれている。

それは一卵性双生児で、この二人は、母体内で一つの卵子が何かの刺激で二つに分かれて出産したのであるから、遺伝因子はほとんど同一である。

しかし、この二人で算数・数学の学力差が原因して、文系、理系と異なる進路をとるものが結構いる。算数・数学は教科の中で、最も努力（非遺伝）にかかっているものである。

一卵性双生児でも文系，理系に分かれる者がいる。

二、ギリシアの神と数学

後世に残した難問

古代ギリシアには、いろいろな神話があり、数々の神が話題をもって登場している。数学の中にも何人かの神がかかわっているので、これらについて紹介しよう。

B.C. 600	ターレス	ギリシア数学開祖
	ピタゴラス	
500	プロタゴラス	ソフィスト　**デロスの問題**（作図の三大難問）
490	ツェノン	ソフィスト　**アキレスと亀**（ツェノンの逆説）
470	ヒポクラテス	ソフィスト
435		パルテノン**神殿**出来る
420	プラトン	“神はつねに幾何学す”
408	エウドクソス	黄金比（比例論）
300	ユークリッド	『原論』（幾何学完成）
	アルキメデス	取尽法（積分の考え）
262	アポロニウス	円錐曲線（宇宙）
A.D. 1		
85	プトレマイオス	天動説
390	ヒュパティア(女)	キリスト教徒に殺害

(注)　ギリシア数学1000年間の宗教関係のポイント

紀元前五世紀頃に、市民の職業的教師として**ソフィスト**（知恵ある者）が活躍し、教養として雄弁術、哲学、数学、天文学などの教授をした。

しかし、彼等は時代と共に堕落し、人々に詭弁を投げかけてこまらせ、論争を楽しむという詭弁学派が登場してきたのである。

上記の『作図の三大難問』も、

その一つで、これは次の三つの図形の作図――目盛のない定木とコンパスのみを有限回使用して図を描くこと――である。

(一) 任意の角を三等分すること（角三等分問題）

(二) 与えられた立方体の二倍の体積をもつ立方体を作ること（立方倍積問題）

(三) 与えられた円と面積の等しい正方形を作ること（円積問題）――巻末参考――

〝三大難問〟ということは、「大変難しい作図」、ということではなく「まだ誰もできない」、という意味である。

以来、延々二四〇〇年、誰一人解けるものがいなかったが、一九世紀に入って、どれも作図不可能が証明された（一七一ページ参考）。

さて、三須照利教授は、(二)の通称『デロスの問題』に大きな興味を抱き、これについて調べた。

ナゼ、これがデロスの問題とよばれたのか？

それには、次のような伝説がある。

エーゲ海に浮かぶデロス島のデルフォイに**アポロン神**をまつる神殿が建てられた。アポロンは、ゼウスとレトとの子として生まれ、太陽神、知性の神で、医術、詩芸、弓術にすぐれている。

後世、ギリシア、ローマの彫刻となる神であるが、この島にある

年ひどい伝染病がはやり、人々はこのアポロンの神に疫病がなくなるようお願いをした。するとアポロンの神が、

「ここの立方体の祭壇を、体積が二倍の立方体にせよ。」

とお言葉を述べた。

早速、人々が相談して下の図の(1)を作って奉納したが、神様は(1)は二倍だが直方体だといわれ、次に奉納した(2)は立方体だが体積は八倍だ、と不満をいわれた。そこで人々は、ときの偉大な幾何学者プラトンに相談にいった、という。

キオス島の数学者ヒポクラテス（紀元前四七〇〜四〇〇）は、この問題を、上のような方程式の問題におきかえ、解くことにした。作図（図形）の難問を、方程式（代数）に代えて解くことは、数学界でしばしばある。

立方倍積問題

方程式

$$x^3 = 2a^3$$

より，比例式

$$\frac{a}{x} = \frac{x}{y} = \frac{y}{2a}$$

を満足するxが求める長さ

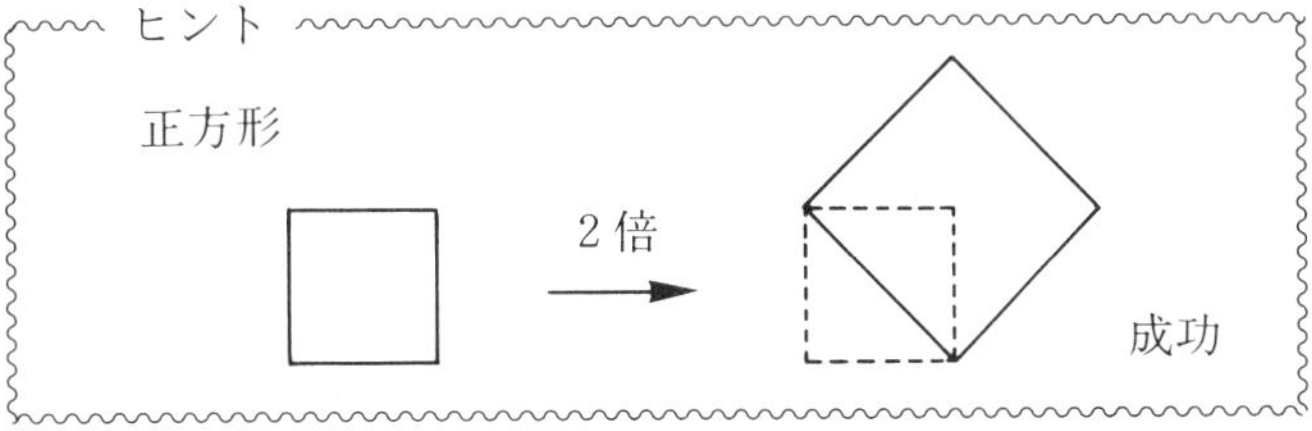

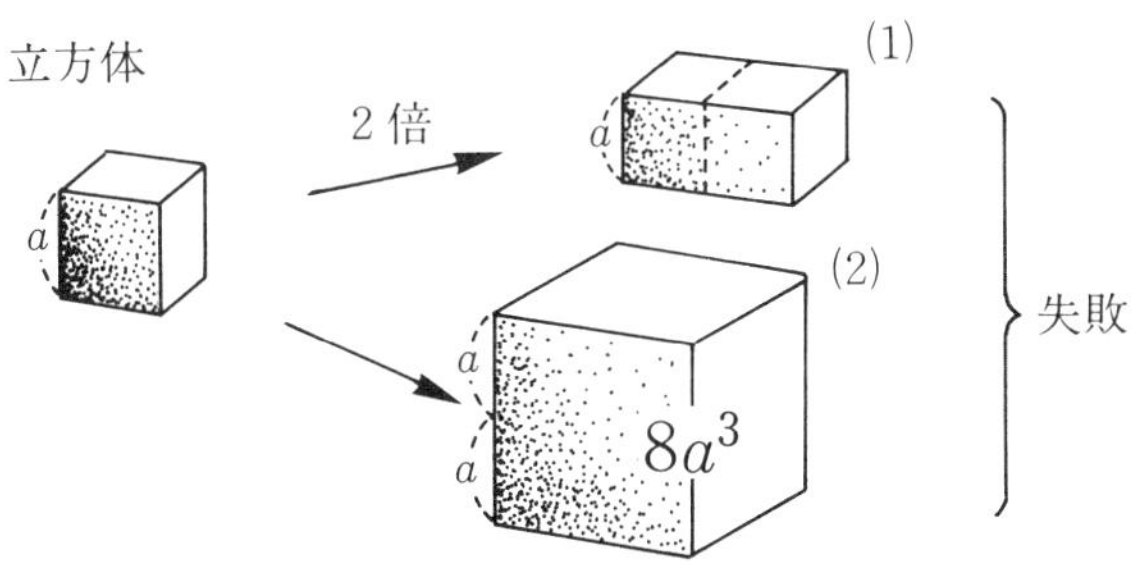

$$\frac{a}{x}=\frac{x}{y}=\frac{y}{2a} \text{ より } \begin{cases} x^2=ay & \cdots ① \\ y^2=2ax & \cdots ② \end{cases}$$

①より　$y=\frac{1}{a}x^2$

②より　$y=\sqrt{2ax}$

①，②のグラフを描き交点を求めると $\sqrt[3]{2}\,a$

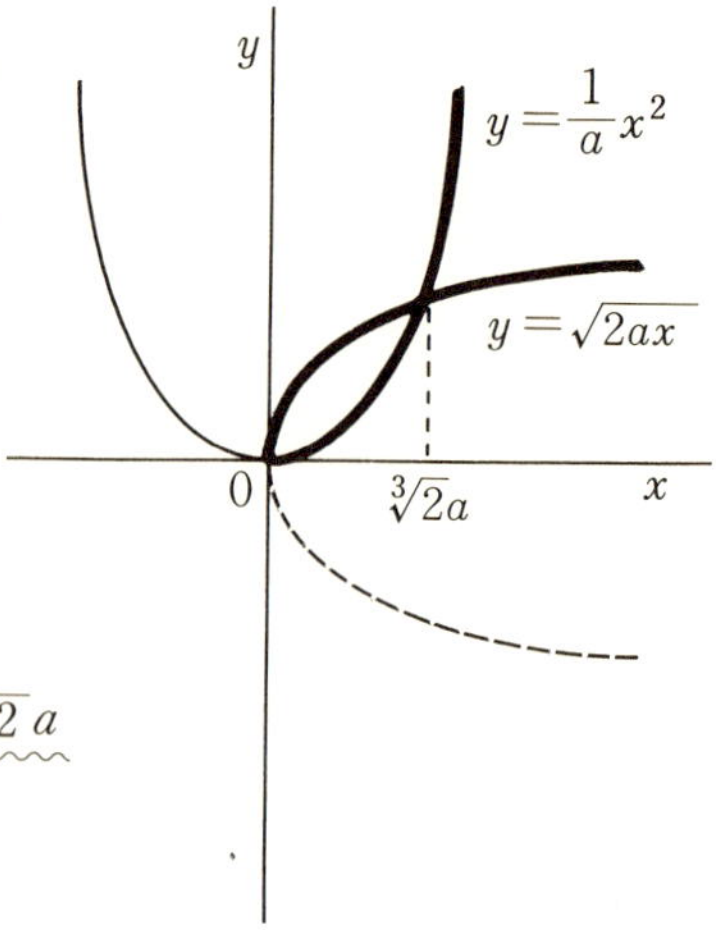

さて、ヒポクラテスは上のように考え、$\sqrt[3]{2}\,a$という長さが得られることを発見し、この難問が解決できた、とよろこんだのである。

しかし、この考えは誤りであった。それは……。

二つの放物線の作図は、定木、コンパスの有限回使用によって描くということができないのである。

次の神は、軍神**アキレス**である。

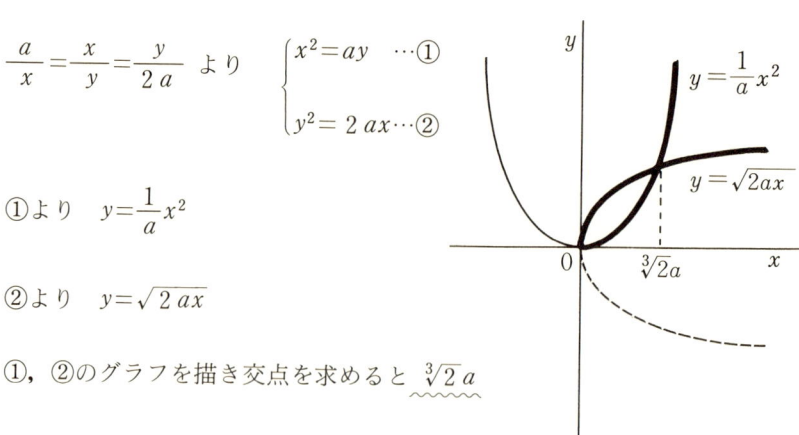

彼は、ペレウスとテチスとの間の子で、幼児のとき母が足首をもってスチュクス川に浸したので不死身になった。トロイア戦争では敵将ヘクトルを討ちとったが、王子パリスに弱点の足首を射ぬかれ、短い一生を終えた、という足の速いことでも知られた武将である。いわゆる〝アキレス腱〟で、その名を有名にしている。

ソフィストの一人ツェノン（紀元前四九〇～四二九）は、後世に名をとどめた『ツェノンの逆説』を

ツェノンの逆説

(一) アキレスと亀
(二) 二分法
(三) 飛矢不動
(四) 競技場

(二)～(四)は巻末参考

提言しているがこれは次の四つである。

(一)は、「足の速いアキレスが足の遅い亀に追い付けない。」というパラドクスである。

この不思議をツェノンは次のように説明している。

〝いま、亀のスタート地点①が、アキレス[1]より前にあるとし、同時に走り出すとき、アキレスが亀のスタート地点①までできたとき、亀はその時間分前に進んでいる②。アキレスがそこ[3]に来たとき、亀はその時間分前にいる③……。

この論法はどこまでも続けられるので、アキレスは亀に永久に追い付けない。〟

というのである。

0.99999……はどこまで9を並べても、1に限りなく近づくが1にならない、という論法と同じでわかるようなわからな

アキレスと亀の競争

アキレスが亀のいたところまで走ると，その時間分，亀は前にいる。

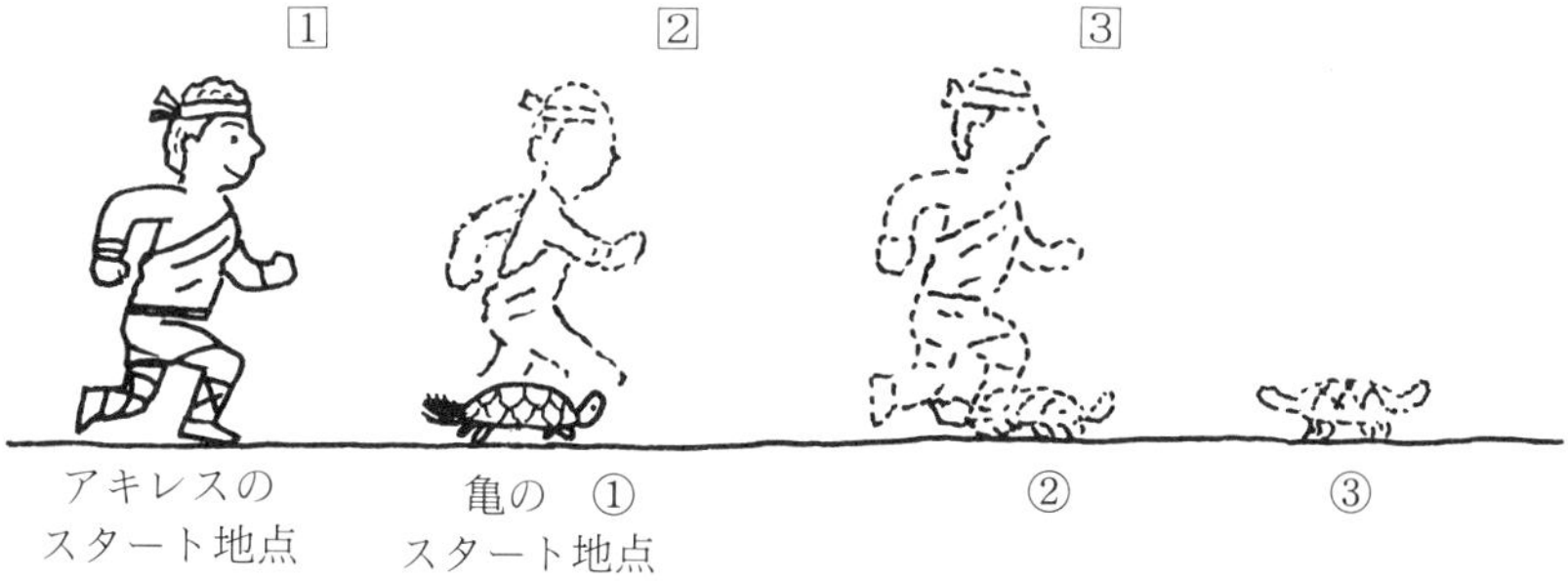

い、パラドクスの代表として有名である。

ソフィストの代表的な人物にプロタゴラス（紀元前五〇〇〜四〇〇？）がいるが、彼は「人間は万物の尺度なり」といい、また「神々については、それが存在するかしないか、何も知らぬ」と述べ、〝天《あま》の邪鬼《じゃく》〟を任じる人間でも〝神〟を意識しているところが興味深い。

次は、**アテナ**処女神（アテネ市守護神）のパルテノン神殿と数学との関係である。

この神は知識と戦争の神でギリシア神話オリンポス一二神の一人。この神殿は、紀元前四四八〜四三二年にフィディアスの監督下で、アテネのアクロポリスの丘にドーリア式建築物として建てられ、古代ギリシア建築の模範とされている。

この神殿の美しさが『黄金比』にあることを発見したのが、比例論者であるエウドクソス（紀元前四〇八―三五五）である。

黄金比は、中世のイタリアの数学者パチオリ（一四四五〜一五〇九）がミラノで“De divina proportione”（『神の比例』、一四九七年）を著作したが、これは建築、彫刻の黄金比について述べたものである。

黄金比を〝神の比例〟というよび方は感動的である。

さて、この黄金比とは、どのような比であり、なぜそれが〝黄金〟の名に価するのであろうか。

パルテノン神殿（6ページ参考）**と黄金比**

三須照利教授は、黄金比の話題になると、黒板に下のような四角形を描き、「どの形が一番安定しているか？」を、A～Eの順に挙手させているが、どの年度でもCが圧倒的に多いことを発見している。

大学生は予備知識があるかも知れないと思い、小・中・高校生に質問してもCを支持するものが多いことから、長方形では、縦横の比がほぼ1:0.6（1.6:1）に近いものが、多くの人間が美しい形である、と感じるのであると確信している。（五三ページ参考）

身の回りの品々をみても、この比をもつ形が多いことを見い出すであろう。探してみよう。

黄金比

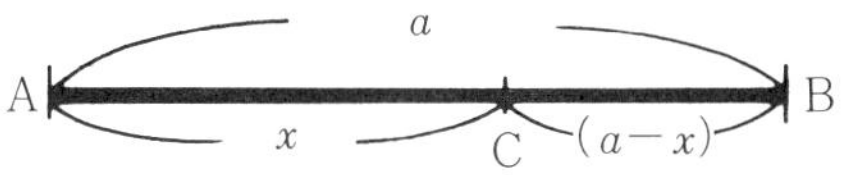

$x^2=a\ (a-x)$

この二次方程式を解くと,

$x^2+ax-a^2=0$　より

$x=\dfrac{-a\pm\sqrt{a^2-4(-a^2)}}{2}$

長さなので，負はとらない

$x=\dfrac{-a+\sqrt{5}a}{2}$

$x=\dfrac{\sqrt{5}-1}{2}a$，（$\sqrt{5}\fallingdotseq 2.236$……より）

$x\fallingdotseq 0.618a$

この比で分けることを〝黄金分割〟という。

どの形が一番安定している（美しい）か？

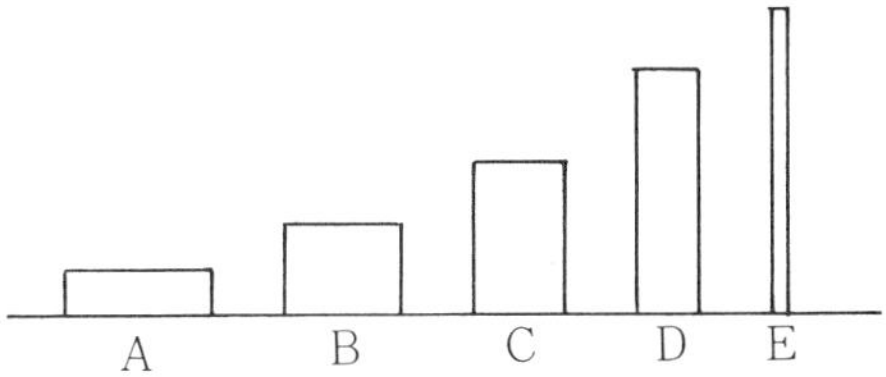

ギリシア神話の一二神

元来ギリシア民族は空想的であったこともあり、いろいろな地方の多様な神話、伝説を、叙事詩人ホメロスやヘシオドスなどによってギリシア神話がつくりあげられた。ギリシア民族は多神教で、宇宙のあらゆる存在や人間の生活の物心に影響を与えるのが神である、という考えをもっている。

特にギリシア一二神が有名で、オリンポス山に住む上のような神々である。

ギリシア神話には、他の神々も登場するが、民俗風習や宗教などおりこまれた多彩な物語があり、後世へ大きな影響を与えた。

ギリシアの12神

- ヘスティア（ヴェスタ）（女） かまど、家庭の神
- ポセイドン 海神
- ゼウス（ジュピター） 神々の父
- ヘラ（女） 結婚の神
  - アレス（マルス） 軍神
  - ヘファイストス 火の神
  - アフロディテ（ヴィーナス）（女） 美と愛の神
  - アポロン 太陽、知性神
  - アルテミス（女） 月、狩猟の処女神
  - （アポロンとアルテミスは）双子

○ヘルメス 商業の神

○アテナ（ミネルヴァ）（女） 知性と技術 戦争の神

○デメテル（セレス）（女） 農業土地の神

㊟（ ）内は英語名。

三、神通力をもつ超人間

〝閃き〟と創案

後世に名を残すほどの数学者ともなると、多くは幼少時〝神童〟とよばれていたようである。

そうした神の申し子のような数学者でも代数系、幾何系のタイプのほかに、次のようなタイプがあることを発見する。

創案型――ターレスの論証幾何学、ニュートン、ライプニッツの微積分、ステヴィンの小数など。
統合型――ユークリッドの『原論』、ガウスの『整数論』、ヒルベルトの『幾何学』など。
根気型――ゲオルグの『三角比表』、ケプラーの『対数表』、円周率十億七千万桁など。

このほかに発展型や応用型がみられるが、新しいものを創り出す、という〝神通力〟的な素質は右の三つの型になるであろう。

とりわけ、**創案型**は、ある種の霊感に近いもので、これは天才のような人間にのみ、神の啓示の形で与えられるものではないであろうか。

と、三須照利教授は考えている。

そのため、創案型の数学者では、フランスのガロアやドイツのカントール

〝神〟のつく語

神童
神秘
神妙
神髄
神経

斜線の四角形の面積を求めよ。

(問)　　　　(解)

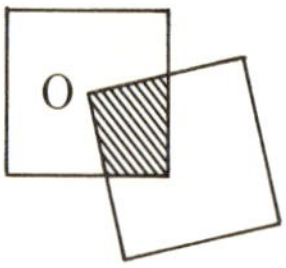

☆求積は移動で簡単に。

$5.2\times3.14+4.8\times3.14$を計算せよ。

☆分配法則　$ab+ac=a(b+c)$　より

$3.14\times(5.2+4.8)$

$=3.14\times10$

$=31.4$　　　答　31.4

閃《ひらめ》き

平行四辺形で下の斜線の三角形が等積であることを証明せよ。

(問)　　　　(解)

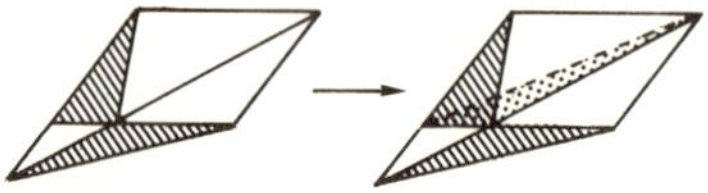

☆補助線により，点々の三角形を仲介とする。

$x^4+x^2y^2+y^4$を因数分解せよ。

☆x^2y^2を加えて引く。

$x^4+2x^2y^2+y^4-x^2y^2$

$=(x^2+y^2)^2-(xy)^2$

$=(x^2+xy+y^2)(x^2-xy+y^2)$

☆の部分が閃き

“閃き”や“勘”のある生徒

のように、自分の時代に認められないという不運をともなうことが多い。

これほどの一流数学者の才能は一寸想像できないが、クラス内に一人、二人いる数学秀才の閃《ひらめ》きや勘のよさに驚き、尊敬してしまうという経験はあるであろう。

「どうしてあんなうまい考えが出てくるのか？」と。

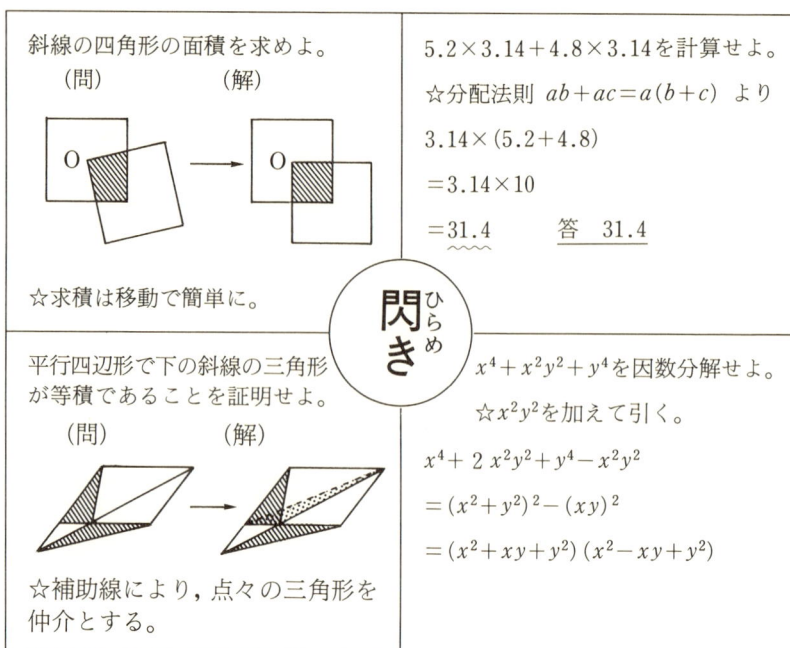

難問と思われる問題を、〝烏合の衆〟でガヤガヤやっているとき、フッと現われてのぞきこみ、「こうすればいいんだよ」とか「ここに補助線を引けばできるさ」などと簡単に片付け、みなをア然とさせる、そんな生徒も、創案型の卵であるといえよう。

数学不出来や、数学嫌いからみると、神通力をもった超人間に思われたりするのであるが、一卵性双生児の研究の例から、閃きや勘も、大学数学のレベル位までは努力によって養成され、もち得られることがわかっている。

次の**統合型**は、創案型とは別の感覚や才能の持主であることが多い。

彼等には、一見別であるいくつものものを、ある観点で統一的にとらえる能力がある。

創案型が前方を見つめる縦思考に対し、統合型は広く平面的に見る横思考であるといえよう。また、前者が類推的発想であるのに対し、後者は帰納的発想ともみられる。

統合的〝目〟

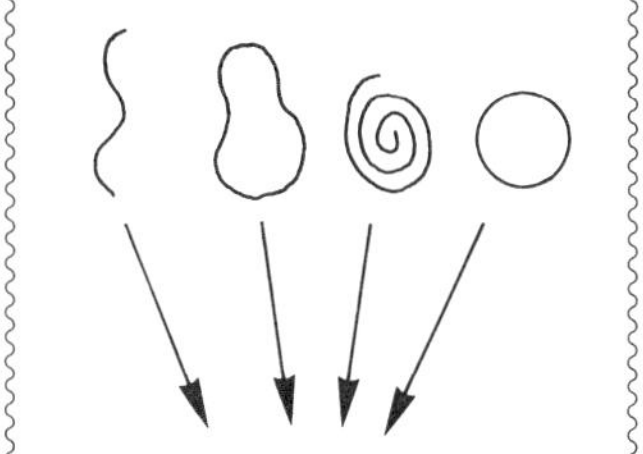

統合型もまた、鋭い神通力が不可欠であり、非凡な才能の持主である。

易しい例で統合を説明すると、次ページのようなものがある。

乗法公式のタイプがいろいろあるが、$(ax+by)^2$ で統一される。

円にできる角で中心角と接弦定理と内接四角形の内対角と外角が等しい定理など、いくつもの定理が一つの目で統一される。また、五つの図形の変換もまとめられる。

一見別々のものを統一的にみる

円と角の定理

$\angle P = \angle P_1$　円周角の定理
$\angle P = \angle P_2$　接弦定理（BQ接線）
$\angle P = \angle P_3$　内接四角形の外角

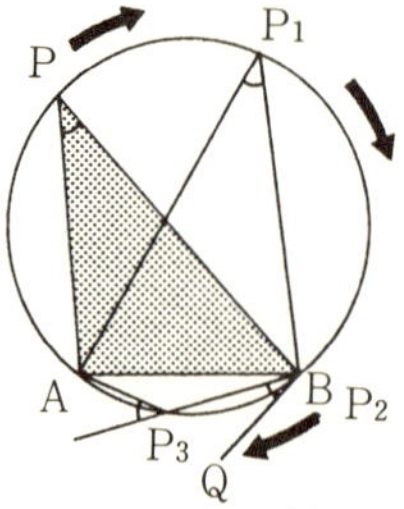

3つの定理を，点Pが移動した同類のものとみる。

乗法公式

$a(b+c)$ → $(ax+by)^2$
$(a+b)^2$ → $(ax+by)^2$
$(a-b)^2$ → $(ax+by)^2$
$(a+b)(a-b)$ → $(ax+by)^2$
$(a+b)(c+d)$ → $(ax+by)^2$

特殊 ⇨ 一般

ax, byが変化したとみる。

合同，相似，アフィン，射影，位相の各変換を統一させる。

光線 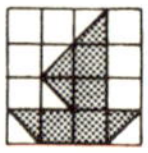	平行光線	点光源光線	自由な光線
受ける面平行	合同変換 	相似変換 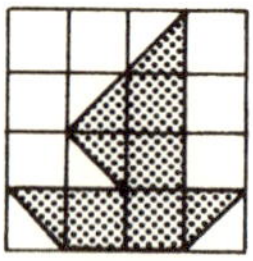	位相変換 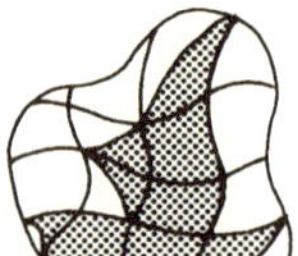
受ける面平行でない	アフィン変換 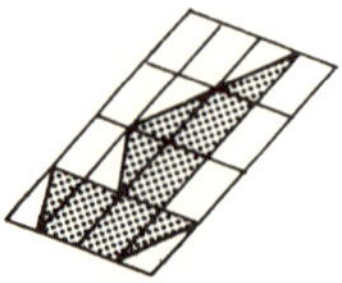	射影変換 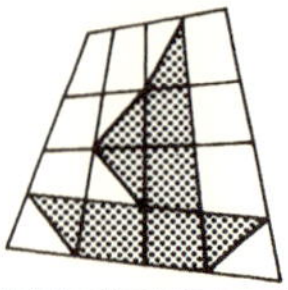	

（注）　光線と受ける面の違いだけで，基本的には同じとみる。

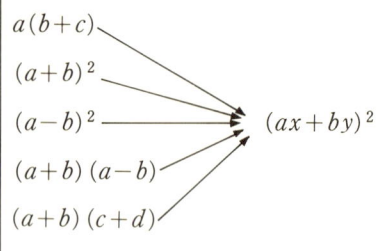

一見別のものを，基本的に同一とみる。

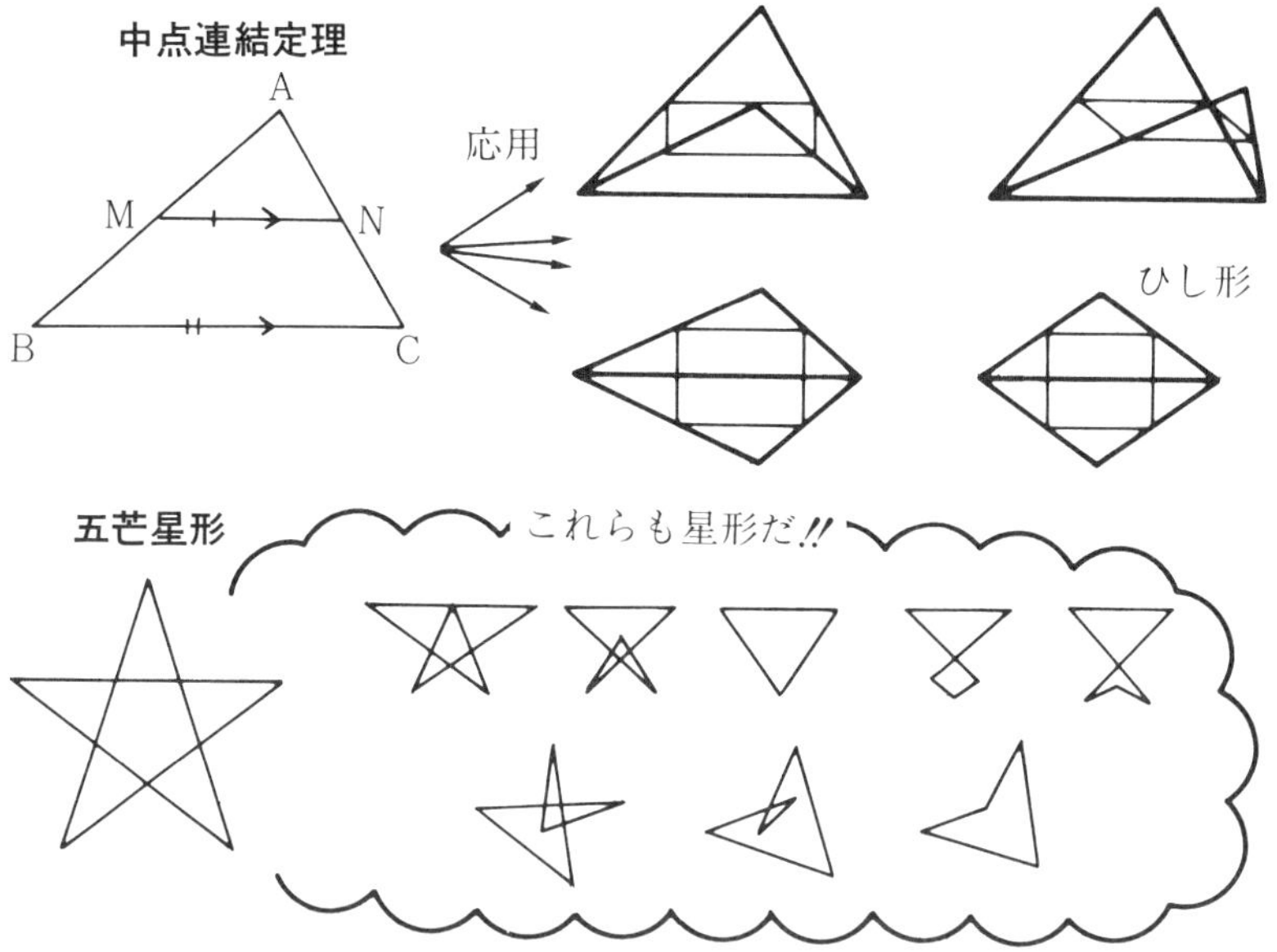

数学の歴史をみると、ある時期、**創案者**が一つの内容を創設すると、多くの数学者がそれをいろいろな形で発展させ、たこの足のように拡がった内容になる。これを**統合者**がある観点で統一する。そのようにして数学が積み上げられてきているのを発見するのである。

中学レベルの上の内容でも〝発展—統一〟の関係があり、これを学びとることが、数学を学ぶことの一つといえる。

一方、数学を築き上げる側面に「計算」や「作図」の作業がある。

計算を効率良くするために、乗法九九をはじめとして各種の数表があり、裏方的な数表作りに、一生を捧げた**根気型**の数学者もいる。

一六〜一九世紀の数表——三角関数や対

内接・外接正多角形による円周率

辺数	内接正多 角形の周	外接正多 角形の周	平　均
3	2.5980762	5.1961524	3.8971143
6	3.0000000	3.4641016	3.2320508
12	3.1058265	3.2151900	3.1606082
24	3.1326325	3.1596673	3.1461499
48	3.1393546	3.1460919	3.1427232
☆96	3.1410369	3.1427201	3.1418785
(参考) 1536	3.1415918	3.1415946	3.1415932

☆アルキメデスが求めたところ。
ルドルフはこの方法で正 2^{62}角形まで求め，35桁まで得た。

数など——の大部分が、ドイツの数学者であることが興味深い。ドイツ人の根気強さの民族性であろう。

その代表がルドルフ（一五四〇～一六一〇）で、円周率の桁数を驚異的にふやし、ドイツでは彼をたたえて円周率を「ルドルフの数」とよんでいる。

現代は根気型の計算はコンピュータによっているが、超人間的根気の必要性は変っていない。

（余談）ルドルフは、この計算に数十年を費やしたが、その功績によってライデン市のセント・ペテロ教会の中の彼の墓石に、次の墓誌（一節）がある。

「生涯、円周と直径との比の近似値に苦労した彼は、次の結果を発見した。

$$\frac{314159265\cdots288}{100000000\cdots000} < \pi < \frac{314159265\cdots289}{100000000\cdots000}$$」

四、自然の中の数学

発明でなく発見！

アインシュタインは、〝宇宙の神秘を鋭く感知する宇宙的宗教性〟（一ページ参考）ということを述べたが、宇宙の神秘の解明に、数学の力を欠くことはできない。

数学は、その考え方や道具として、また、もっとも古い学問の一つとして、宇宙を含む自然現象や日常生活を含む社会事象の問題解決に、五千年来有効に働いてきた。そして次々と、大は新しい数学の創設、小は定理や公式・法則がつくられていくとき、数学の世界では、発明とはいわず「発見した」という。

これこそ、数学が、〝神〟の存在を認めているものである。

数学での新しい創案は、「人間が初めて創り出したのではなく、既に神が創ってあったものを、人間が見つけ出したのだ。」という考えを、数学者たちはもっている。

世界四大文化発祥の地は、大河の河畔の農耕民族であり、収穫のために古くから天文観測がおこなわれ、彼等にとって太陽、月と特

数学は発明でなく発見だ!!

直円柱の円錐曲線

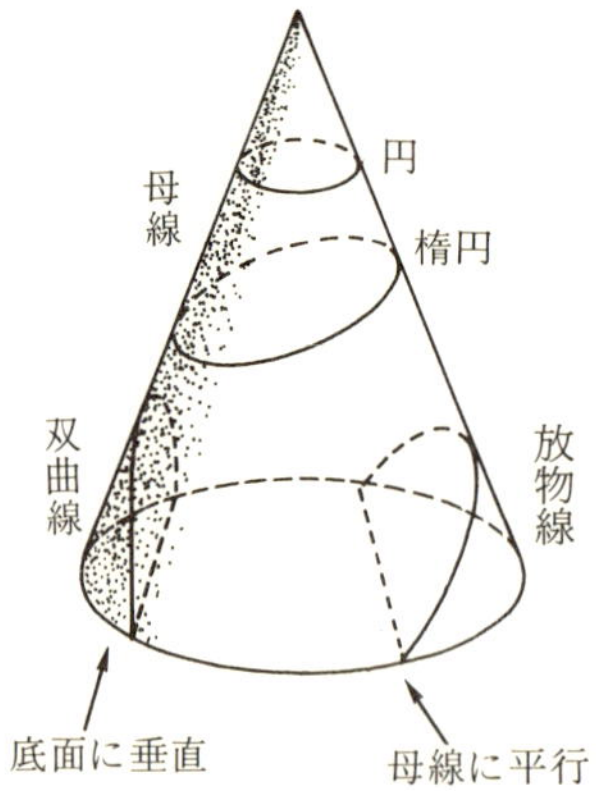

太陽系の惑星の秩序

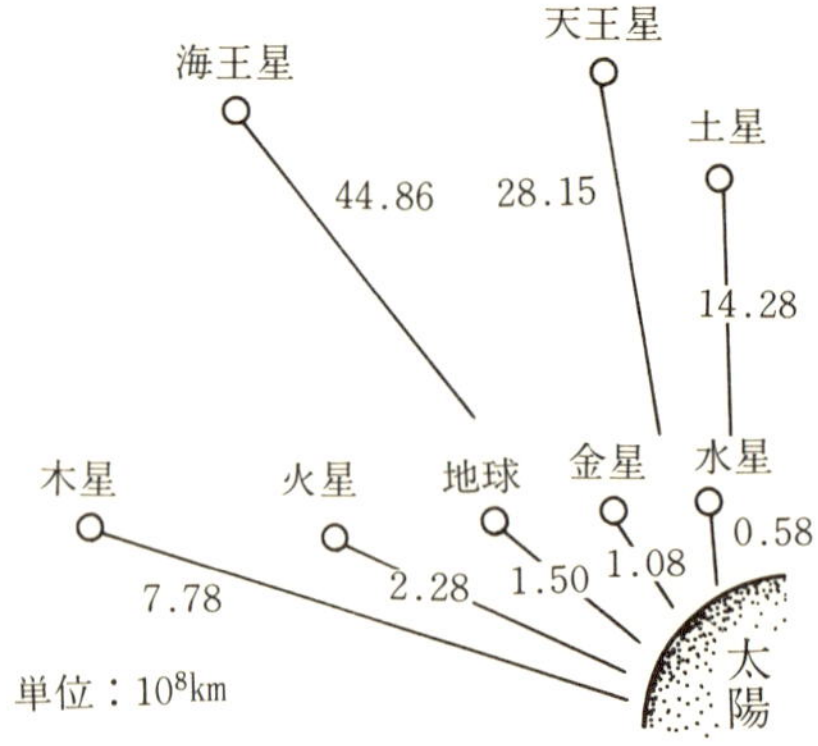

（各惑星はほぼ同一平面内に，同一の方向に公転し，その軌道は円に近い楕円。）

殊の星を含む宇宙は身近なものであった。

メソポタミア文化では、太陽の観測から「六〇進法」を考案し、月の満ち欠けから「数列」を生んだ。

エジプト文化では、恒星シリウスと太陽とが同時に昇るとき、ナイル河の氾濫が始まり、これが一年の初めとし、太陽暦を採用している。

マヤ文化では現在と17秒の差しかないほど正確な一年間（365.2420日）の暦をもっていた。

古代ギリシア幾何学の開祖ターレス（紀元前六世紀）は天文学者でもあり、日食を測定している。ピタゴラスは五種類の正多面体を『宇宙図形』とよんだ。プラトンは宇宙全体を正十二面体と考えている。

黄金比を考案したエウドクソスの弟子のメナイクモス（紀元前三世紀）は、『円錐曲線』の研究を深め、これをアポロニウス（紀元前二世紀）が引

人工衛星と初速

秒速7.9kmのとき	円
7.9km＜ a ＜11.2kmのとき	楕円
秒速11.2kmのとき	放物線
秒速11.2kmより速いとき	双曲線

数と図形の見事な関係!!

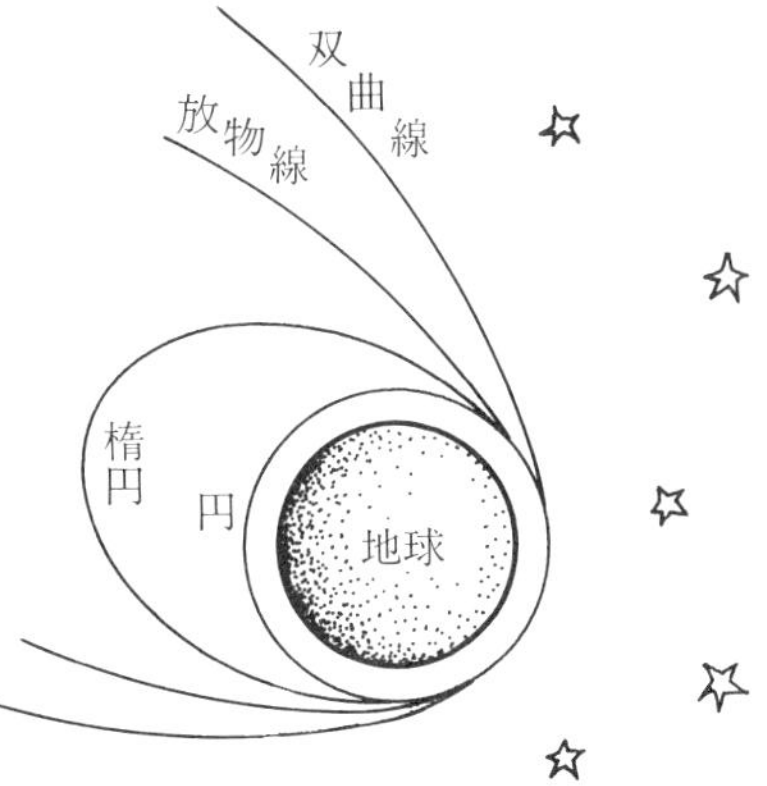

き継ぎ『円錐曲線論』八巻を完成している。

同時代の天文学者アリスタルコスは『太陽と月の大きさと距離』を著作し、宇宙の中心に太陽をおき、地球と他の遊星がその周囲を回転している〝地動説〟を述べている。

しかし、三百年後の大天文学者プトレマイオスは有名な『アルマゲスト』(『数学大系』、天文学の宝典)一三巻を書き、三角法の基礎を作ったが、〝天動説〟をとなえている。

以上のように、紀元前の数学では、〝宇宙―天文学―数学〟が一体として発達していったことがわかる。

古代ギリシアの基礎学習課程であった『七自由科』が、

三学―文法、修辞、論理(弁証法)
四科―数論、音楽、幾何、天文

というものからも、天文学が重視されていたことがわかる。

さて、ここまで調べてきた三須照利教授は、身近な自然界、地球上の動植物や人工物と数学との関係に目を向けてみたいと考えた。

自 然 と 人 工

すべて五枚の花びらのつつじ

五芒星形の五稜郭（北海道，函館）
（提供：函館市役所観光室）

美しい球型のタンポポの種

容積最大のガスタンク

妙技の姿のねじれ花

場所をとらないら旋階段

三須照利教授は、旅行時に限らず、日常つねにワンタッチカメラを手元においていて、庭の草花を見るとパチリ！　街を歩いていて興味深い数学素材を目にするとパチリ！　とやっている。

前ページの写真も、五稜郭を除いて、そうして得た図形（絵）である。

〝神の造形品〟である植物が、実に数学的であり、人間がこれを真似て建造物を造っていることと、対比させてみると一層おもしろい。この種のものはいくつも存在している。

植物を見ていると、いろいろな不思議、ミステリーに気付くのである。

(一)　無数に咲いているつつじの花が、大きさがほぼ同じだけでなく花びらはみな五枚である。神は一つ一つ数えてつくっているのであろうか。

(二)　タンポポの種が、見事な球形をしている。種一つ一つを同じ長さで、しかも球形になるようにするのは大変な技術であろう。

(三)　芝生の中に、ニョキニョキといった感じで生えているねじれ花が、みな同じ高さで、しかも同じ方向のねじれ方をしているが、どうやってそろえるのか。

など、平凡な木の花や野草を、数学的な視点で観察すると、ミステリーを感じてくる。

ただときに例外があり、神の誤り（第3章参考）も発見することがある。

八ツ手の葉の指の数、イチョウの葉の形、クローバの葉など、数や形が不統一のものもあり、神の失敗作のようにみえてホホエマしい。

動物の世界も、その形や色あるいは行動の面で造形者〝神〟の力を感じないわけにはいかないが、

玉虫や針鼠（球形）

ネジリンボウ（ねじれ）

アンモン貝（ら旋）

これらも数学の目で見ると魅力と興味をおぼえることが多い。

鰹の見事な紡錘形、アンモン貝の対数ら旋、有名な蜂の正六角形の巣、つくしん坊の六角形の網目など、人間の社会にもとり入れられているものである。

また、蛇のトグロを巻いた攻撃スタイルや玉虫、針鼠などの防御体制なども数学的におもしろい。

次に、こうした外形の問題ではなく、動物のふえ方について、数学上で有名な話題を紹介しよう。

一つはネズミ講で知られた「ネズミ算」で、鼠のふえ方のすごさ（積《つもり》算という）の問題で、わが国では江戸初期の名著で寺子屋のテキストにもなった『塵劫記《じんこうき》』（一七世紀）でも、とりあげている。

二つは、兎のふえ方で、これは一三世紀イタリアの商人フィボナッチの名著『計算書』（Liber Abaci）に出ている問題。

この書はその後五百年もヨーロッパ各国で読まれると共に、兎のふえ方が「フィボナッチ数列」の名で知られている。

三つは、三須照利教授が読者のために考案した問題である。

動物の子孫のふえ方

(1) 鼠

正月に1対の親が6対の子を生み，2月には親子ともども6対の子を生むというようにしたとき，12月には何匹になるか。(答は次ページ)

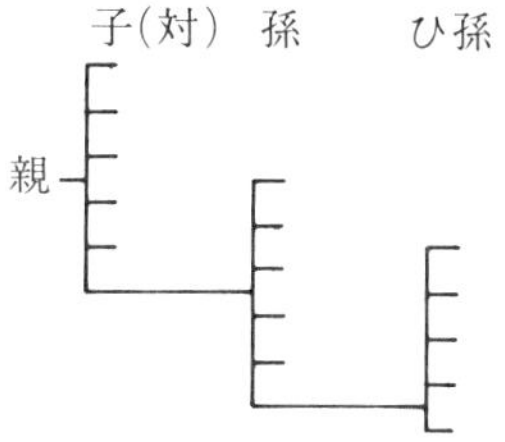

(2) 兎

正月に1対の兎が，2月に1対の子を生み子も次の月から子を生む，というようになっているとき，12月には何対の兎になるか。(答は次ページ)

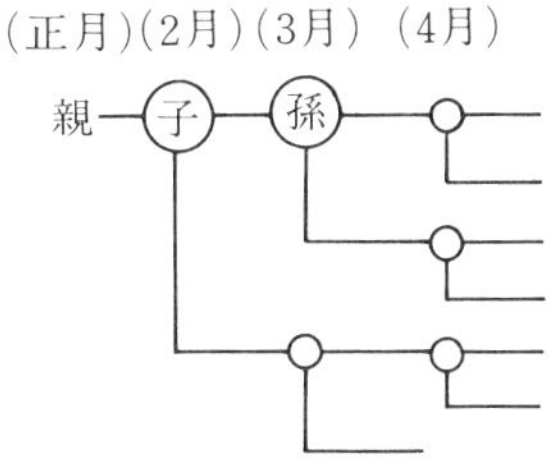

(3) オットセイ

強いオスのオットセイは，沢山のメスを集めた〝ハーレム〟をつくっている。

あるオスは，競争相手のオスがいないメスだけの社会にするため，メスの子がオスのときそれ以後は出産させず，子がメスのときはオスが生まれるまで何頭もメスを生み続けてよい，とした。

この方法だと，やがてメスだけの〝ハーレム〟になるか？(答は下)

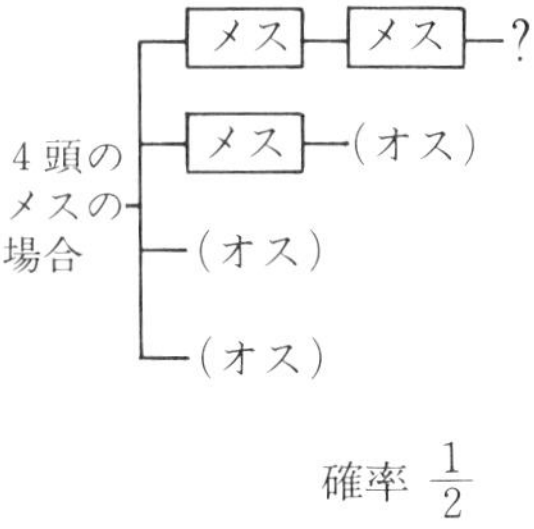

上には、(1)~(3)を例題としてあげたので挑戦してみよ。

(注) フィボナッチ数列は広くいろいろな場面でみられるので、あなたも探してみよ。

この数列の特徴は、「ある項が、その前の二項の和」でできている点である。

(3)の答

メスだけの〝ハーレム〟はできない。オス、メスは、いつまでたっても同数である。

(1) 鼠

月末	正月	2月	3月	4月	……	12月	合計
対数	$\overset{1+6}{7}$	$\overset{7+7\times 6}{7^2}$	7^3	7^4	……	7^{12}	$7^{13}-1$

276億8257万4202匹

(2) 兎

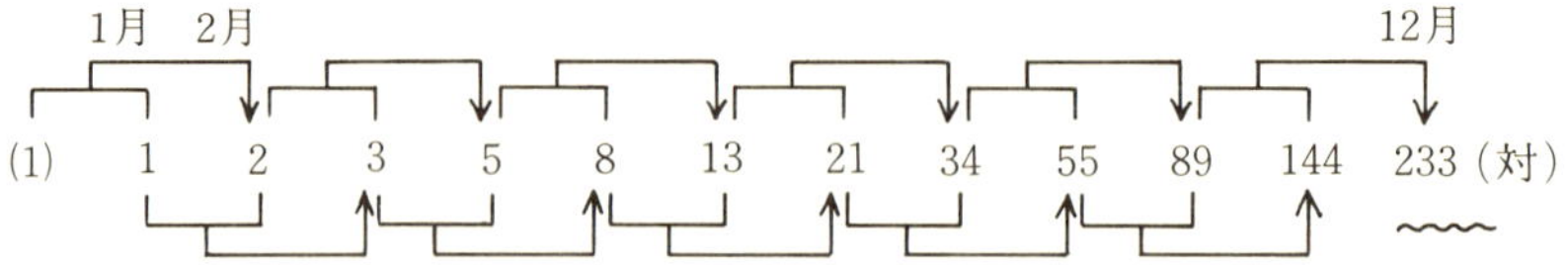

「フィボナッチ数列」発展の話

ある段数の階段の登り方

① 1段ずつ
② 1段と2段の組合せ　で登るとき
③ 2段ずつ

登り方の種類は，フィボナッチ数列である。

階段数	1段	2段	3段	4段	5段
種類	1	2	3	5	8
場合の数	①1	①1 ③1	①1 ②1 ③1	①1 ②1 ③3	①1 ②7

植物の世界にもこの数列がある

図形パラドクス

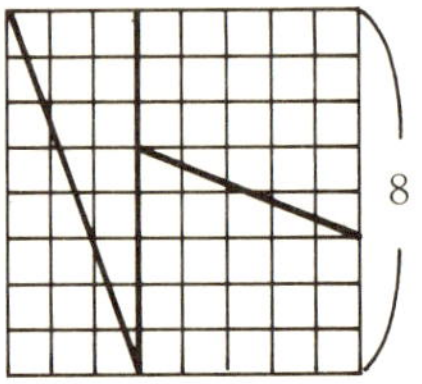

8 × 8 = 64

⇩ ?

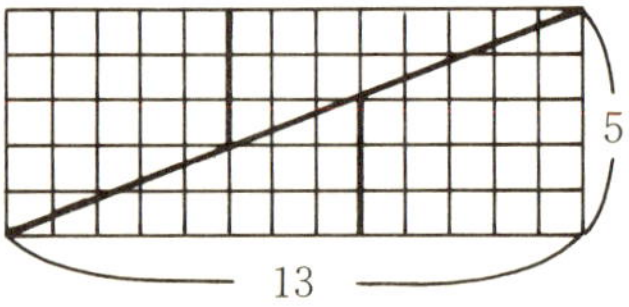

5 ×13 = 65

5，8，13が登場している。

(質問) 上図4枚の切片を入れかえ下図を作ったら1ますふえたが，ナゼであろうか。(答は巻末)

五、「神が創った数学」という数学者

生贄と算額と

古代ギリシアの幾何学の開祖ターレス（紀元前六世紀）が「ターレスの定理」を発見したとき、神に感謝して牝牛を生贄にしたといい、ピタゴラス（紀元前五世紀）が「ピタゴラスの定理」を発見したとき、牡牛——宗教上、本物でなく小麦でかたどった牡牛——を生贄に奉納した、という。

ターレスの定理

直径の上にできる円周角は直角

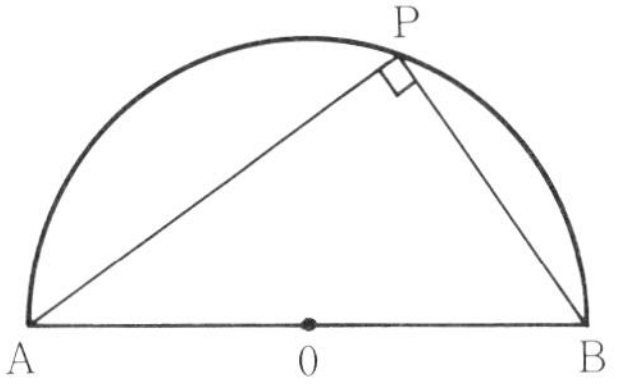

$\angle APB = \angle R$

ピタゴラスの定理

直角三角形で,直角に対する辺にできる正方形の面積は,直角をはさむ2辺にできる正方形の面積の和に等しい。

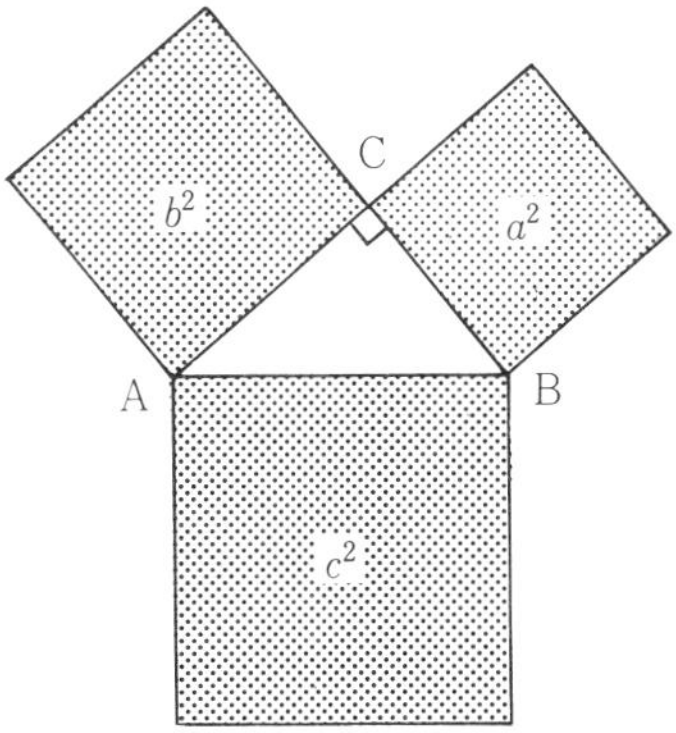

$c^2 = a^2 + b^2$

わが国の江戸時代に発展した独特の『和算』の世界でも難問が解けたり、よい問題を発見したとき、そのよろこびを『算額』として、神社仏閣に感謝して奉納（社寺奉額）するという習慣があった。この算額を〝信仰算額〟とよんだ（ほかに記念算額、宣伝算額などある）。この算額を見て、和算好きが挑戦し、和算のレベルが急速に高まった、といわれている。

三須照利教授は、西欧におけるアルキメデス以来の、自分の研究を墓石、墓誌にすることも、みな宗教信仰の一つ、といえると考えている。

中世における科学の暗黒時代（三〜一三世紀）では、数学の発展もほとんどなかったが、その中で神官や修道士たちによる数学を神学の領域にもちこむ数学の神秘思想は失われることがなかった。

修道院長アルクインは、万物の創造者神が、六つの生物を創ったことから完全数6を〝神の生物〟といい、パチオリはその美しさから黄金比を〝神の比例〟とよぶなど、数学と神とを結びつける傾向があったのである。

ドイツ一六世紀最大の代数学者シュティフェルは修道士であったが、彼には二つの有名な話が伝えられている。一つは文字組合せによる証明、他の一つは聖書分析による「世の終り」の宣言、の二つの事件である。

ローマの教皇は獣である（レオ10世）

〔証明〕

1．レオ10世をラテン語で書くと

Leo Decimus

2．これは Leo DeCIMVs

3．この大文字は MDCLVI と並べられる。

4．M は神秘（Mysterium）を表わすのでとり去り

LeoX であるから DCLXVI

5．これは数 666。すなわち『黙示録』の「獣の数」である。

ゆえに，レオ10世は獣である。

(注)ローマ数字では 666 を DCLXVI とかく。

彼は幼児期から数学に興味をもち、〃数の神秘〃に魅力を感じていた。

「ローマの教皇は獣である」を上のように分析展開して、この語を証明したという、いかにも数学者らしい考え方である。

また、聖書の分析で一五三三年一〇月三日が「世の終り」と発表した。

そのため人々は仕事をやめて遊びくらし財産を使い果たしたが、その日は何も起らず、多くの人々が破滅した。怒ったこの人々におそわれることを恐れた彼は、ウィッテンベルクの牢獄へ逃げ込み難をさけたという。分析遊びもほどほどに……ということであろう。

最後に、有名数学者の一言を紹介しよう。

○神は幾何学する。（ギリシア、プラトン）

○神はつねに算術したもう。（スイス、ヤコービ）

○自然数は神が創った。あとの数は人間が創った。（ドイツ、クロネッカー）

画竜点睛

神工から人工へ

紀元前一四〇〇年頃、大火山によって消えた大陸アトランティスの「ミノア文明」には、上のような数字が用いられていた。「神は自然数を創った」（前ページ参考）だけでなく、基本数字も創ったといえる。五世紀の0による人工的なインド記数法以前の各民族——シュメール、エジプト、ギリシア、ローマなど——は、みな神工的な「刻み式数字、桁記号記数法」によっていたのである。

数字に限らず、ヤード・ポンド法、尺貫法の単位も人類は長く〝神工〟ともいえる人間の身体や穀物の大きさなどを基準にしていたが、一九世紀になると、人工的な〝原器に基づく〟尺度のメートル法に代った。

また、長い間〝神工〟の太陽や月が、各民族のそれぞれの時間、時刻の基準であったが、一九世紀にグリニッジ天文台を経線0°とする〝人工的な時間、時刻の尺度〟の世界標準時が定められた。

文化、文明というものは神工を人工に変えていくものといえよう。

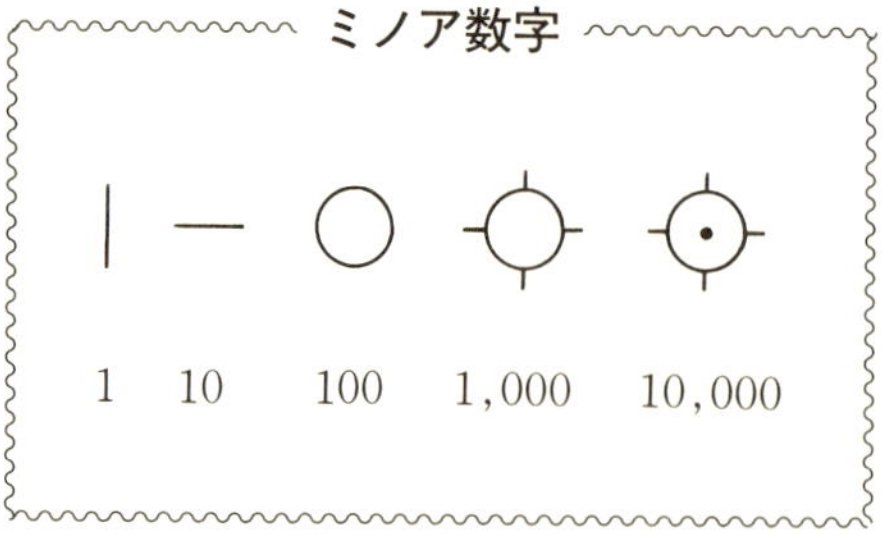

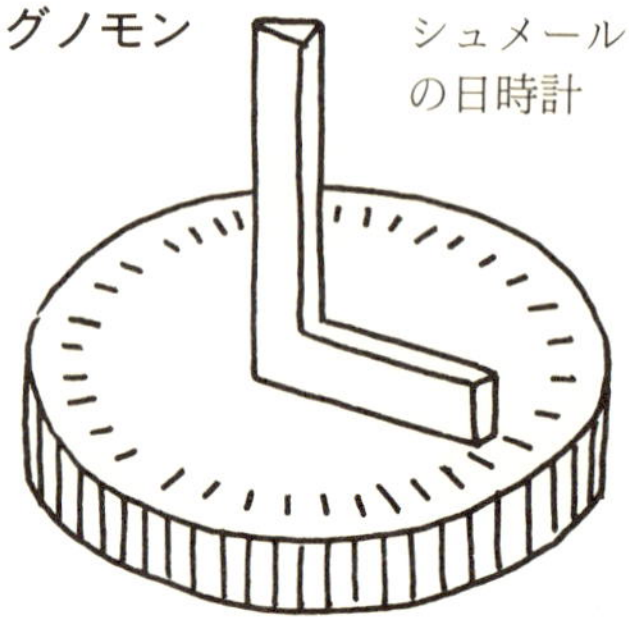

第2章

数学の美

キリスト教寺院　ドイツ
（トンガリ屋根）

イスラム教寺院　イラク
（球形屋根）

一、数と計算の妙

名称をもつ数

5人、5本、5個という名数ならば、そこに〝もの〟が思い浮かばれるが、「5」という数は実在しない抽象世界のもので、無味乾燥、何の意味もないはずである。

しかし人間は太古から何かと〝数〟に意味をもたせようとしている。

There is one above

上方に1あり

すなわち

「すべての上に神がおわす」

	〔古代〕	〔ピタゴラス学派〕
1.	神	物の本体
2.	悪魔	女性
3.	完璧	男性
4.	幸運	正義
5.	黄金分割	結婚
6.		寒さ
7.		心と健康
8.		愛と友情
10.		宇宙

奇数　吉

偶数　凶

中国では〝九〟が皇帝の数

数の妙！

1年間365

- ・$71+72+73+74+75$
- ・$2^2+4^2+6^2+8^2+10^2+12^2+1$
- ・$(121+122+123)-1$
- ・$10^2+11^2+12^2$ ｝神の数
- ・13^2+14^2 ｝神の数
- ・トランプの数字の総和（ジョーカーを1とする）

聖なる数36

- ・$1+2+3+4+5+6+7+8$
- ・$(1+2+3)^2$
- ・$(1\times2\times3)^2$
- ・$1^2\times2^2\times3^2$
- ・$1^3+2^3+3^3$

整数に興味をもち、数にいろいろ〝生命〟を与えたり分類したのはピタゴラス学派であり、理論的に追求したのは一九世紀ドイツの数学者ガウスである。その他、数学者の中で、「数の神秘」（『整数論』など）に関心をもったものが多い。

ピタゴラス学派の数の名称

完全数　約数の和がその数になるもの
㊠ $6=1+2+3$

不足数　約数の和がその数より小なるもの
㊠ $8>1+2+4$

過剰数　約数の和がその数より大のもの
㊠ $12<1+2+3+4+6$

親和数　2つの数で，それぞれの約数の和が相手の数になるもの　㊠ 220と284

――以上，約数のうち自分の数は除く――

ピタゴラス数　$a^2+b^2=c^2$の関係にある数
㊠ 3，4，5；5，12，13

三角数

1　3　6　10 ……

四角数(平方数)　1　4　9　16 ……

自然数（正の整数）は、無限であるが、次のように分類できる。

- 偶数 / 奇数
- 素数 / （1を除く） / 非素数
- 不足数 / 完全数 / 過剰数
- 3の剰余類：余りが0 / 余りが1 / 余りが2 （*mod* 3）

など

これらの中で、後世の数学者は、特に素数と完全数に興味をもった。

素数の不思議

$f(m)=m^2+m+41$　公式？

$f(0)=0^2+0+41=41$

$f(1)=1^2+1+41=43$

$f(2)=2^2+2+41=47$

$f(3)=3^2+3+41=53$

$f(4)=4^2+4+41=61$

$f(5)=$…………………

これは素数をつくる式か？　（巻末参考）

完全数の不思議

$f(p)=2^{p-1}(2^p-1)$　公式？

$f(2)=2^1(2^2-1)=6$

$f(3)=2^2(2^3-1)=28$

$f(4)=2^3(2^4-1)=120$　×

$f(5)=2^4(2^5-1)=496$

$f(6)=2^5(2^6-1)=1980$　×

$f(7)=2^6(2^7-1)=8128$

$f(8)=$………………………

p が素数のとき完全数？

奇数の完全数は未発見！

フェルマーの定理

(1) 小定理

$F(n)=2^{2^n}+1$ は素数

$F(0)=2^{2^0}+1=3$

$F(1)=2^{2^1}+1=5$

$F(2)=2^{2^2}+1=17$ →ガウス

$F(3)=2^{2^3}+1=257$

$F(4)=\cdots\cdots$

(2) 大定理

$x^n+y^n=z^n$ $(n\geqq 3)$

は正の整数解をもたない →賞金

ワイルズ

二番目の親和数（17296と18416）を発見したのはフランス一七世紀の数学者フェルマーである。彼は弁護士であるが、趣味で数学をやり、いくつかの「フェルマーの予想」を残した。

上の小定理からガウスが「正一七角形の作図」という大発見をし、大定理には二〇〇七年九月一三日までに解けたら十万マルクの賞金がつくなど話題があったが、一九九五年にアンドリュー・ワイルズによって証明された。

三須照利教授もまた、整数について大きな興味や魅力を感じ、いろいろ研究しているが、彼がもっともミステリアスな整数の計算として好むのが連分数であるという。

中でも次ページの二つの連分数には、〝神秘〟さえおぼえるのである。

○一つは、1だけの数で構成されながら、フィボナッチ数列がつくられ、結果が黄金比の値になるという、三つの美しさがそろった数式

○二つめは、一つの1のほかはすべて2で構成されながら、現代コンピュータ・グラフィックで話題のフラクタル図形の〝入子《いれこ》〟と同じ相似形の図形という、神の手でつくったとしか思えない連分数なのである。

黄金比（神の比例）

$$1+\cfrac{1}{1+\cfrac{1}{1+\cfrac{1}{1+\cfrac{1}{1+\cfrac{1}{1+\cfrac{1}{1\cdots\cdots}}}}}}\fallingdotseq 1.6153$$

上の式を下から計算すると，途中に

$\frac{1}{1}$, $\frac{2}{1}$, $\frac{3}{2}$, $\frac{5}{3}$, $\frac{8}{5}$, $\frac{13}{8}$, $\frac{21}{13}$, ……

と，数がフィボナッチ数列(42ページ)をつくる。

タンスなど家具。名刺，プリペイドカード，ハガキの形など。

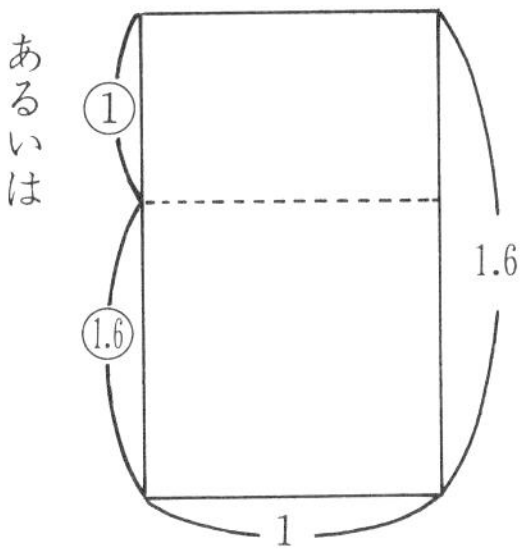

（注）図を写真としてみたとき
------が地平線の意味。

裁断比

$$1+\cfrac{1}{2+\cfrac{1}{2+\cfrac{1}{2+\cfrac{1}{2+\cfrac{1}{2+\cfrac{1}{2\cdots\cdots}}}}}}\fallingdotseq 1.4142$$

次々の裁断の長方形が相似形になる。
上の式は$\sqrt{2}$の展開式である。

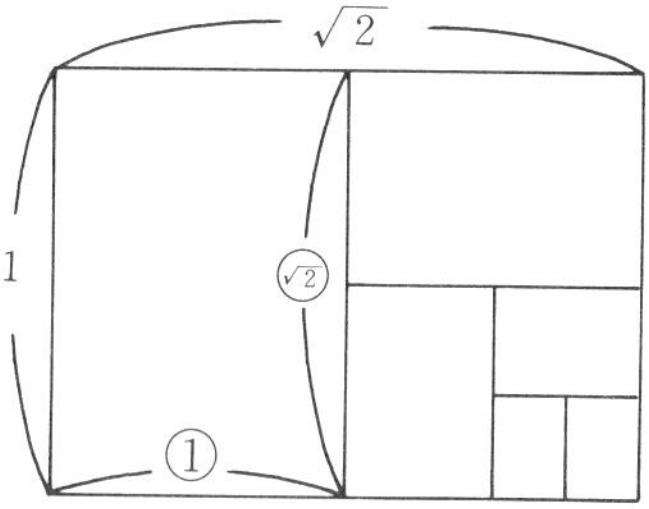

紙の規格判のA列，B列
紙型が〝入子〟状になっている。

〔**参考**〕 **円周率**(17世紀ブラウンカー)

$$\frac{\pi}{4}=\cfrac{1}{1+\cfrac{1^2}{2+\cfrac{3^2}{2+\cfrac{5^2}{2+\cfrac{7^2}{2\cdots\cdots}}}}}$$

〝入子〟の家のオモチャ（次々中に入る）

数世界の〝異端児集団〟

足しても変えない0、掛けても変えない1、微分しても変わらないe、また最初の超越数π、想像的な数i、この五つの数は、無限の数の中の〝異端児集団〟といえる。

1は素数の外れもの、0での除法は除く、大小のないi、またπ、eは無限（上式）ということで、それぞれ取り扱いの「注意人物」といったものである。

これら個性？ の強い数がナント！

見事な、整然とした関係をつくっているのであるから、実に不可思議である。

これなど、まさに〝神の造物〟と誰も感嘆してしまうであろう。

見方では、$e^{i\pi}=-1$と表わせ、〝無限の無限乗〟が簡単な−1、というのも妙である。

異端児集団

ド・モアブルの公式

$(\cos z+i\sin z)^n=\cos nz+i\sin nz$

より　次のオイラーの公式が導かれる。

$e^{i\pi}=\cos\pi+i\sin\pi$

ところが

$\cos\pi=-1,\ i\sin\pi=0$

から　$e^{i\pi}=-1$。よって

$e^{i\pi}+1=0$

(注) $\dfrac{\pi}{4}=1-\dfrac{1}{3}+\dfrac{1}{5}-\dfrac{1}{7}+\cdots\cdots+(-1)^n\dfrac{1}{2n+1}+\cdots\cdots$

$e=1+\dfrac{1}{1!}+\dfrac{1}{2!}+\dfrac{1}{3!}+\cdots\cdots+\dfrac{1}{n!}+\cdots\cdots$

二、式の爽快

簡潔と統一の考え

「こんな面倒な計算をして何の役に立つのか？」

式の展開や因数分解、面倒な方程式などでつまずいた中・高校生の言う言葉である。

しかし、数学好きにとって、これらほど爽快・快適な内容はない。数学の中のパズルといえよう。

いま、その例をあげると、左のような一見大変な計算が、スッキリとした答になるとき、思わず〃バンザイ〃という。

計算せよ。

(1)

$$\frac{2a^2+7ab-15b^2}{a(2a+3b)-5b(2a+3b)}$$

$$=\frac{(2a+3b)(a-5b)}{(2a+3b)(a-5b)}$$

$$=1$$

(2)

$$\frac{4(x^2-1)(x^2-5)}{2x^4-12x^2+10}$$

$$=\frac{4(x-1)(x+1)(x^2-5)}{2(x^4-6x^2+5)}$$

$$=\frac{2\ 4(x-1)(x+1)(x^2-5)}{2(x^2-1)(x^2-5)}$$

$$=2$$

(3) $(x+y)(x^2-xy+y^2)-(x^3+y^3)$

$=0$

(4) $x^4-(x+1)(x-1)(x+i)(x-i)$

$=1$

見事な関係式

（三角関数）

$$\sin^2\theta+\cos^2\theta=1$$

$$\tan\theta=\frac{\sin\theta}{\cos\theta}$$

$$\frac{a}{\sin A}=\frac{b}{\sin B}=\frac{c}{\sin C}=2R$$

$(a+b)^n$の展開

$(a+b)^1 = a+b$

$(a+b)^2 = a^2+2ab+b^2$

$(a+b)^3 = a^3+3a^2b+3ab^2+b^3$

$(a+b)^4 = a^4+4a^3b+6a^2b^2+4ab^3+b^4$

$(a+b)^5 = a^5+5a^4b+10a^3b^2+10a^2b^3+5ab^4+b^5$

$$(a+b)^n = {}_nC_0a^n + {}_nC_1a^{n-1}b + \cdots\cdots + {}_nC_ka^{n-k}b^k + \cdots\cdots + {}_nC_nb^n$$

係数の並び
（二項係数）

パスカルの三角形

1 1

1 2 1

1 3 3 1

1 4 6 4 1

1 5 10 10 5 1

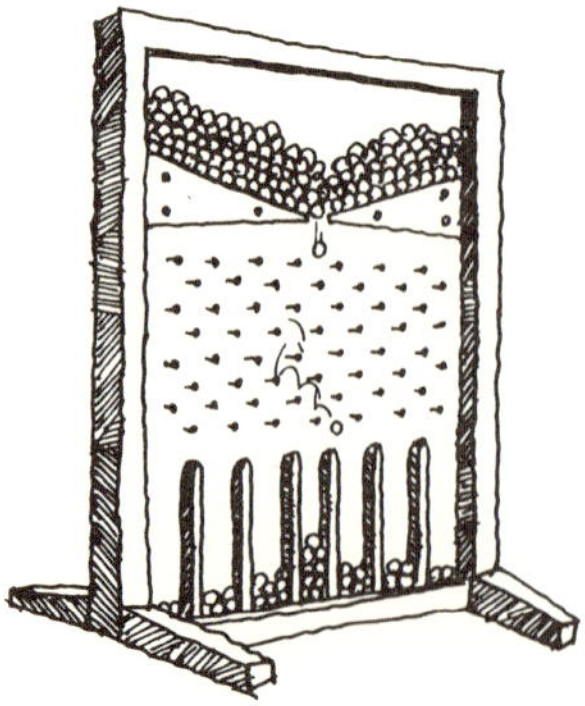

二項分布実験器

図形の証明が、一本の補助線で解決したときも同じである。

これらの発見においては、思わず「神がコッソリ教えてくれた」と考えてしまうものである。

上の二項展開ではこれの係数に目をつけたパスカルは、あまりの見事さに驚いたことであろう。

しかも、確率へ二項分布として応用性があることの不思議！

指数の拡張

a^3 は $a\times a\times a$ の意味。

拡張して a^0, a^{-2} を考える。

$a^m\div a^n=a^{m-n}$ から

$a^5\div a^3=a^{5-3}=a^2$

$a^5\div a^5=a^{5-5}=a^0=1$

$a^5\div a^7=a^{5-7}=a^{-2}=\dfrac{1}{a^2}$

〔問題〕

① $a^{0.5}$　② $a^{\frac{2}{3}}$　③ $a^{1.4}$　(答は巻末)

乗法の意味拡張

5×3 は

$5+5+5$ の意味。

拡張して——。しかし,

5×0.3

$5\times\dfrac{1}{3}$

$5\times(-3)$

$5\times\sqrt{3}$

は,もはや累加の意味でない。

二次方程式の解

$ax^2+bx+c=0$　$(a\neq0)$

解の公式

$$x=\frac{-b\pm\sqrt{b^2-4ac}}{2a}$$

① $b^2-4ac>0$　2つの実数解

② $b^2-4ac=0$　重複解(1つを2つとみる)

③ $b^2-4ac<0$　2つの虚数解

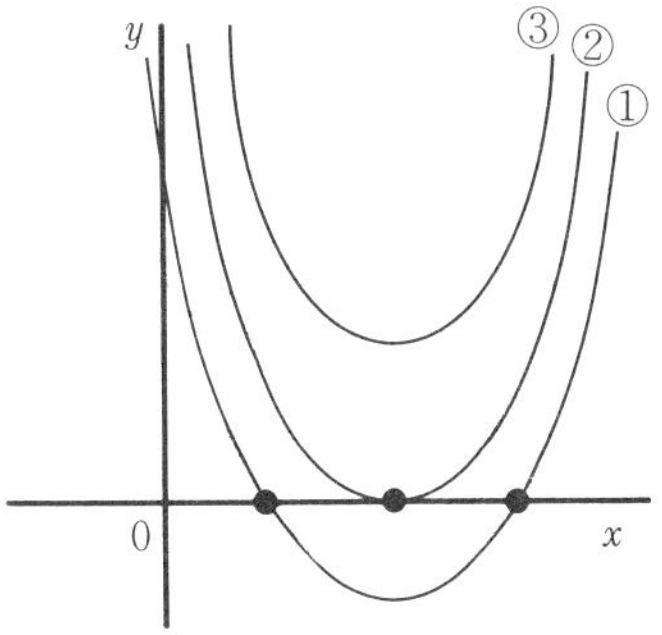

数学では、ある一つのルールができたとき、それを保存させながら発展させたり、一見別々のものを統合して単純化している。見事に拡張できることやうまく統一的にみられることに感服してしまうことがあろう。

0の効用

[特殊な二次式]	[一般形式化]	
ax^2	$=ax^2+\underset{\sim}{0}\,x+\underset{\sim}{0}$	
ax^2+bx	$=ax^2+bx+\underset{\sim}{0}$	$\Rightarrow ax^2+bx+c$
$ax^2\quad\quad+c$	$=ax^2+\underset{\sim}{0}\,x+c$	

① 実数解…実円…円内…凸面…十（正）
② 重複解…点円…円周…平面…0
③ 虚数解…虚円…円外…凹面…一（負）

前ページの二次方程式の解の公式では、②、③の考えの導入で、すべてに対応できて例外をなくすことに成功している。

こうした発想や手法は、右の別例でもみられ、人間の知恵ではなく〝神のアイディア〟と考えてしまうほど見事な方法と思うのである。

「0の発見」は単に数の世界に「位取り記数法」を誕生させただけでなく、式の世界でも上に示すように式の形式性に有効で、特殊な形のものでも0を使って形の上で一般形と同じものにすることができ、統一的にみられる。

〔質問〕 答を求めよ。

① $\frac{0}{0}$　② 5^0　③ $\sqrt{0}$

④ $\log 0$　⑤ $\sin 0$　⑥ $0!$

（答は巻末）

0のお陰で，みな同じ高さ

三、図形の見事

常識を超えた神力

古代ギリシアの幾何学者、哲学者プラトンが〝神は幾何学す〟といったように、図形の世界には、「お見事！」と叫んでしまうような図形、性質や関係（定理など）が多くある。こうしたものを発見した幾何学者が、その図形や関係に自分の名をつけたくなる気持ちがわかるような気がする。

三角形の五心

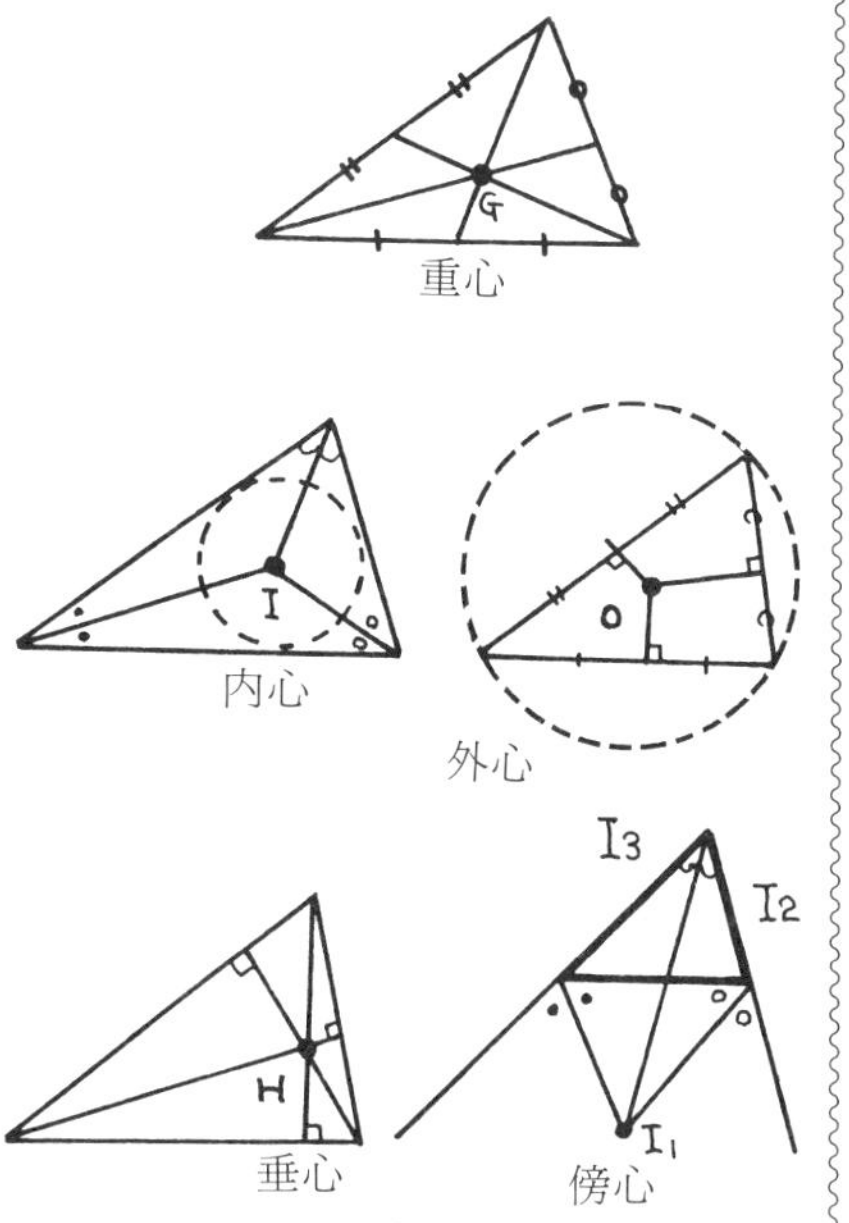

(注)　内心は内接円の中心，外心は外接円の中心，傍心は傍接円の中心の略。

アルキメデスのお墓

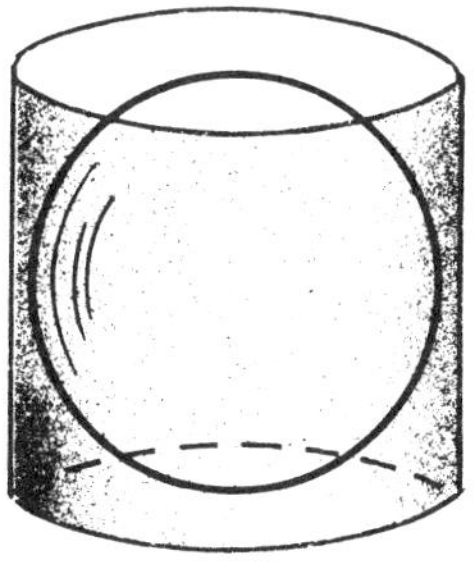

表面積も体積も
球：円柱＝２：３

〝積が１〟の定理

チェバの定理

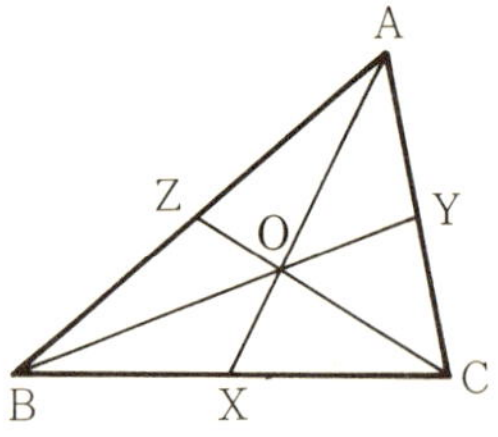

$$\frac{AZ}{BZ}\cdot\frac{BX}{CX}\cdot\frac{CY}{AY}=1$$

メネラウスの定理

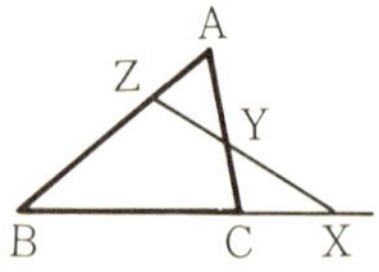

$$\frac{XB}{XC}\cdot\frac{YC}{YA}\cdot\frac{ZA}{ZB}=1$$

（証明は巻末）

入子図形

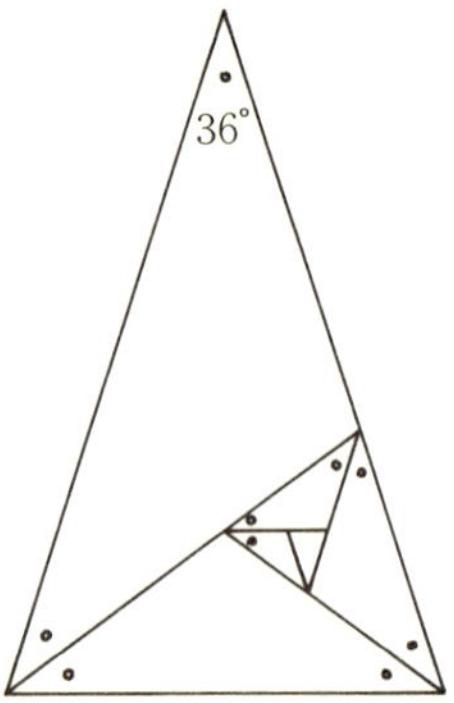

二等辺三角形

正方形

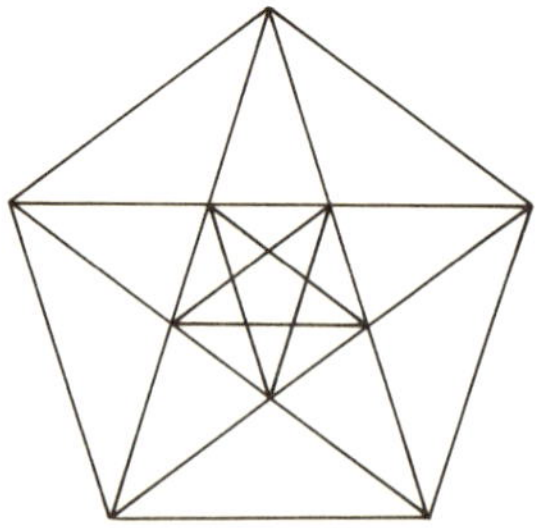

正五角形

(注) 内部に相似形が作られる。

三須照利教授は、中学時代（旧制）に幾何学に大変興味をもったが、証明問題よりも、「お見事！」という図形や性質に感動し、以後それらを忘れることがなかった。

図形の基本で、一見平凡な三角形が、五心をもつ（前ページ）のも不思議そのものであるし、右の入子図形（五三ページ参考）の美しさも感動である。

一方、上の二つの定理は、任意の三角形の任意の線分の関係であるのに、線分の比の積が〝1〟という美しい結果は神秘的といわざるをえない。

変化の中の不変

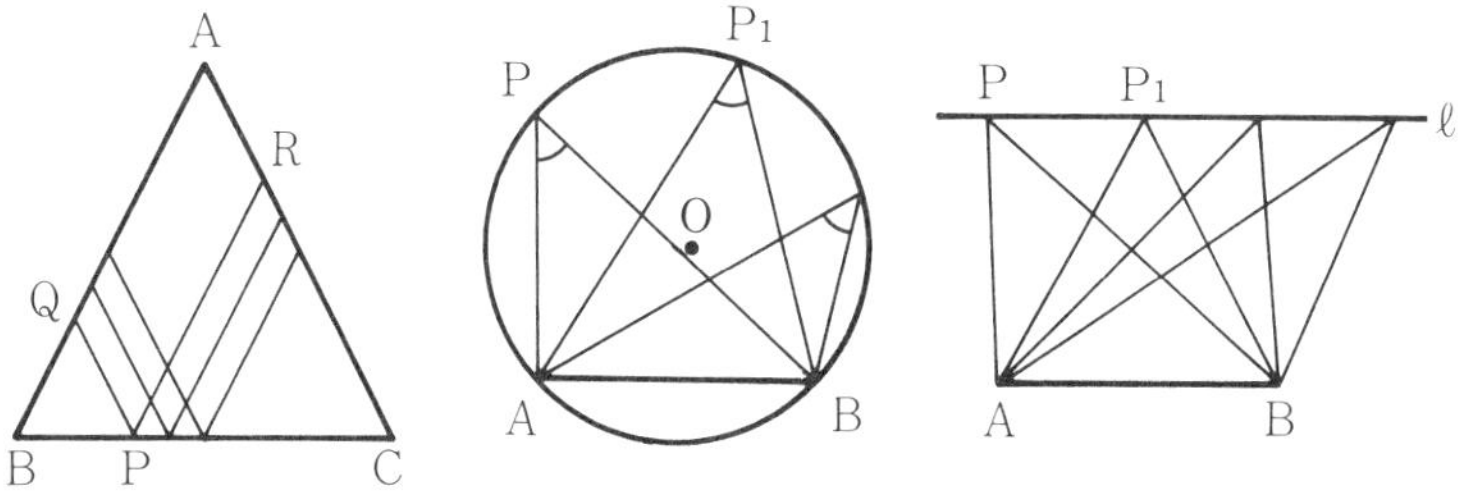

$PQ+PR=AB$（一定）　$\angle APB=\angle AP_1B$　$\triangle APB=\triangle AP_1B$

〃変化の中の不変〃といえば、関数 $y=ax$ の定数 a、と関数のイメージが強いが、図形でもそうした関係がいろいろある。

上のものが初等的な例である。作図の中の軌跡問題となると〃変化の中の不変〃の発見が、解決の鍵となる。

たとえば、「定線分ABを $m:n$ の比に分ける点の軌跡」（アポロニウスの円、巻末参考）などがそれである。

〔質問〕

下の図で，PQ・PR の「積が一定」である。

証明せよ。（答は巻末）

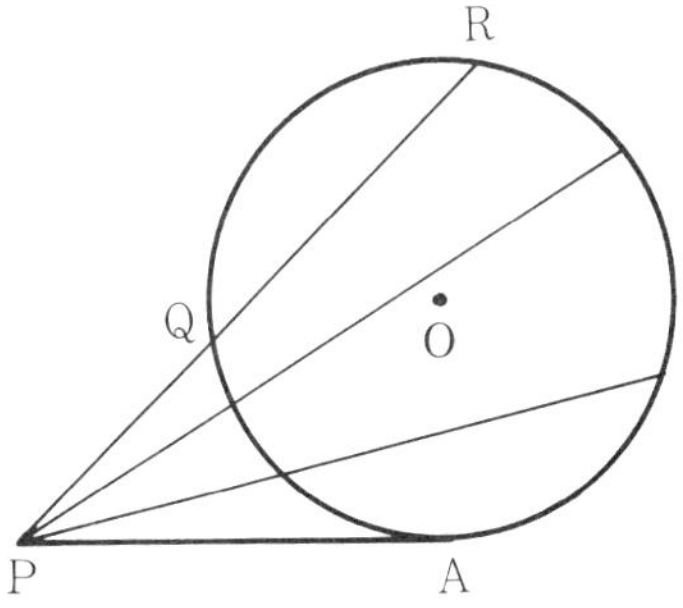

（ヒント）

$PQ\cdot PR=PA^2$（一定）

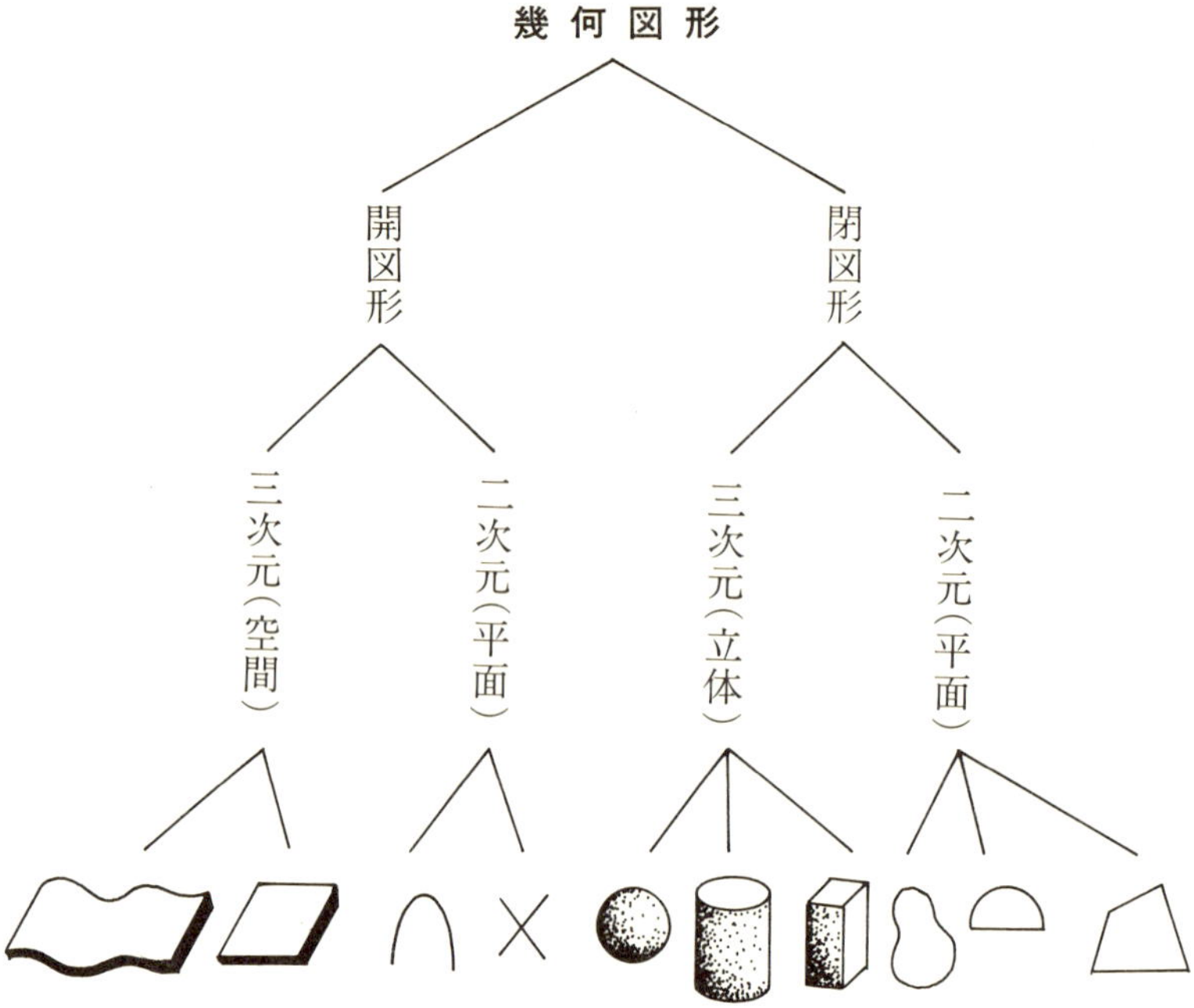

古代農耕民族以来、図形は『ユークリッド図形』であり、長さ、角度、面積、あるいは平行、垂直などの計量中心のものであった。

この幾何図形は上のような分類があり、さらに平面図形では、

三角形、四角形、五角形……

立体では、

三角柱、四角柱、五角柱……

など、辺や面の数によって区分されてきた。

しかし、一八世紀ロシアのケーニヒスベルク（当時ドイツ領）の町の「七つの橋渡り」――一筆描きパズル――の解決で、数学者オイラーの創案による『トポロジー』（位相幾何学）が、計量を無視した図形の研究として登場した。

オイラーの示性数

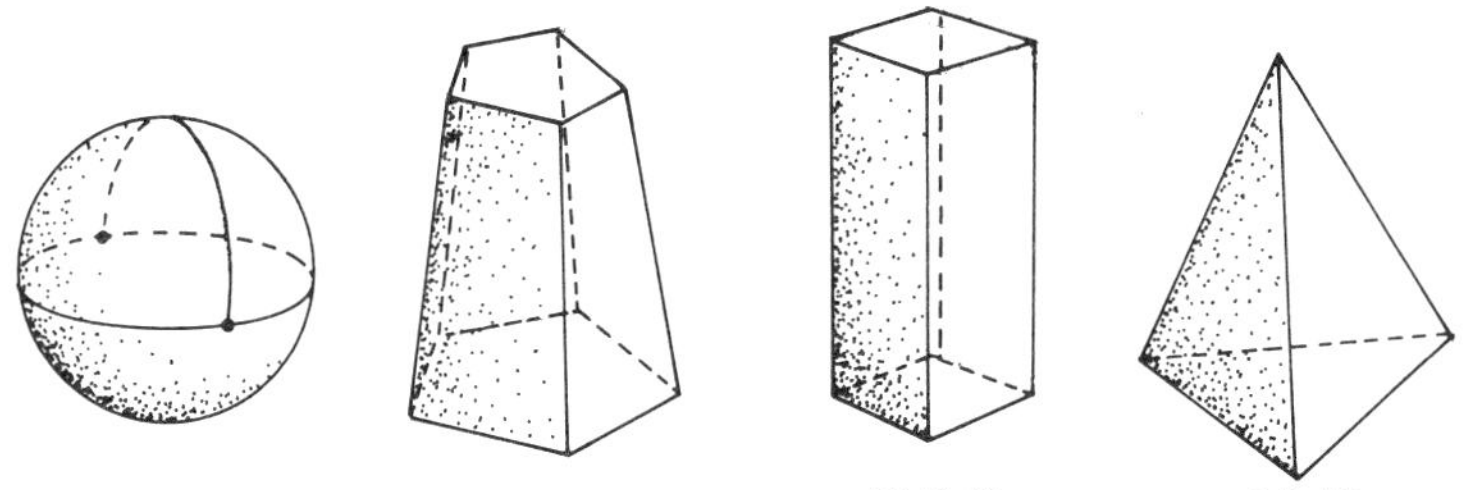

幼児の絵はトポロジー的であるが、その後人々は教育によってユークリッド的な図を描くようになった、という。

このトポロジーでは、図形の分類の尺度が辺や面の数ではなく、左の表のような立体なら形に関係なく示性数2という、不思議な統一値をもっている。

ドーナッツ、浮き袋のような穴一つの立体は示性数0である。

(注) 球では、二点と線をつくり数えるようにする。

図形＼示性数	点－線＋面	結果
三角錐	4 － 6 ＋ 4	2
四角柱	8 －12＋ 6	2
五角錐台	10－15＋ 7	2
球	2 － 3 ＋ 3	2
正八面体		
正十二面体		
正二十面体		

〔質問〕74ページの図を参考に，上の空欄をうめよ。　(答は巻末)

画竜点睛

○点円の妙美

平面上の三点を通る円は、ただ一つある。しかし、一般の四点では、円ができない。

四点で一つの円を決める条件の一つとして「対角の和が二直角」というものがある。ところが五点以上を通る円となると、一つの円を決めるルールがない。

ところが、一八世紀イギリスの数学者テイラーは、六点円（テイラー円）を発見し、同じ一八世紀スイスの数学者オイラーは、九点円（オイラー円）を発見した。

ナントモ、妙美！　神はよくぞ創り、人がよくぞ発見したものだ。

三点円

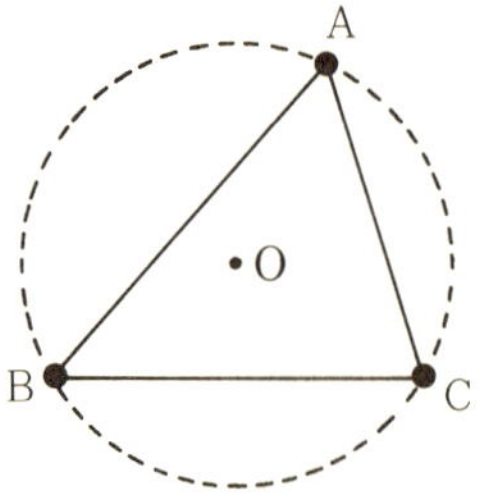

四点円

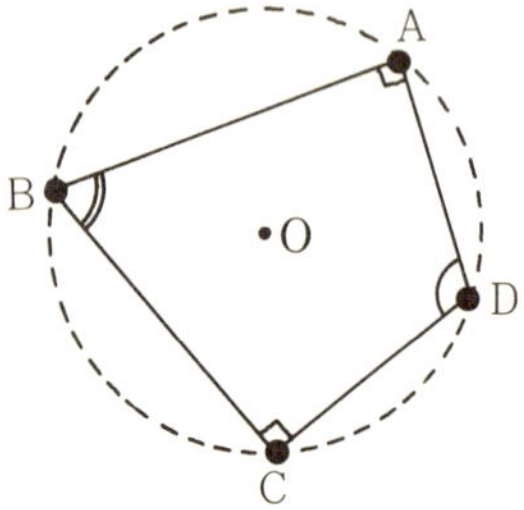

六点円

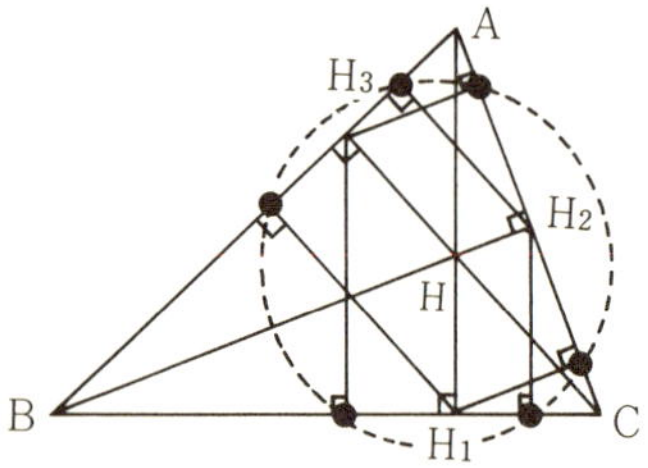

九点円

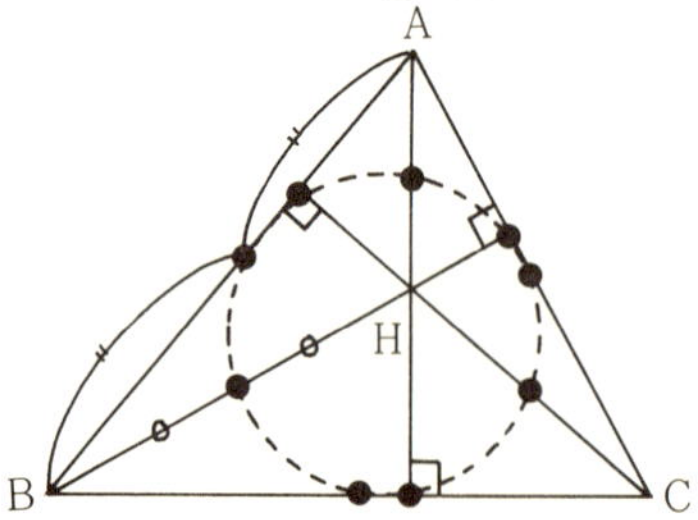

四、論理の整然

文学との接点『記号論理学』

人間社会は、人々の間で会話、対話、あるいは討論などが不可欠であり、ここで相手への説明、説得の話術が必要になってくる。

この説得法にはいろいろなタイプがある。

かつて日本では、ゼネコン問題に大きく揺れたことがあり、大手建設会社は、県知事や市長の〝天（神）の声〟に説得？（絶対服従的）された、という。

一般、宗教界では説教、折伏《しゃくぶく》などの語があり、神仏や教祖などの言葉が伝えられるが、これも一つの説得である。

テレビやラジオで商品名を繰り返し放送することによって親しさや信頼感を与えて人々に購入する気にさせるのも、一種の説得法であり、子どもが、「友だちはみんなもっている」と言って親にせがむのも説得法である。

しかし、これらは、真の説得法ではない。真の説得法は論理

ゼネコン疑惑

前知事が「天の声」
天（神）の声！
知事
ハア…
ヘエ…
建設業界

論理の記号

（論理）	（記号）	（例）
p ならば q	$p \to q$	晴れならば試合がある
p かつ q （and）	$p \wedge q$	秀才かつスポーツマン
p または q （or）	$p \vee q$	カレーまたはウドン
p がない （not）	$\overline{p}$	人間でない
すべて （all，全称記号）	$\forall$	すべての動物には毛がある
ある （exist，存在記号）	$\exists$	ある山に雪が降る

の積み重ねで導き出すものでなくてはならないであろう。

古代ギリシアの教育では、〝三学〟を重視したが、それは、

文法――正しい表現
論理――正確な筋道
修辞――美しい言葉

であり、これは中世の西欧での僧院教育でも引き継がれた重要な教育内容といえる。

一八世紀頃から〝論理〟をより客観的、数学的に扱うため、記号で表現することが考案され『記号論理学』が誕生した。

この記号化によって抽象化され、一般化させるだけでなく、数と同じように、一種の演算が可能となり有用性が広くなってくるのである。

ある命題の、仮定から結論を導くことを

三段論法

(1) 晴れると遠足がある　　$p \to q$

遠足があると授業はない　　$q \to r$

よって晴れると授業はない　　$\therefore p \to r$

(2) 馬は四本脚である　　$p \to q$

これは馬である　　p

よってこれは四本脚である　　$\therefore q$

(3) 数学好きは勉強家である　　$p \to q$

彼は勉強家である　　q

よって彼は数学好きである　　$\therefore p$

推論といい、仮定が真のとき、結論もまた真であるならば有効という。

推論の基本は〝三段論法〟であり、複雑なものは、これを組み合わせて推論を進めていくのである。

一段、一段の推論で、矛盾、無効でないことが必要で、その過程を誤ると、循環論法やパラドクス（詭弁）が発生する。

これらについて考えてみよう。

(注)上の(3)は、推論に誤りがある。

〔質問〕 左の推論は有効か。（答は巻末）

(1) $p \to q$

$\overline{q}$

$\therefore \overline{p}$

(2) $p \to \overline{q}$

$r \to q$

$\therefore p \to \overline{r}$

(3) $p \vee q$

$\overline{p}$

$\therefore q$

三須照利教授は正規の論法よりも循環論法やパラドクスが好きである。それは、万能と思われた〝神の手〟からもれ落ちたミステリー部分とみているからで、特に新聞に出る「裁判の判決」（論理の見本）記事に大きな興味をもって収集している。

『論理』の発展については、不思議としかいいようのない歴史がある、と三須照利教授はいう。

論理と詭弁の発展史

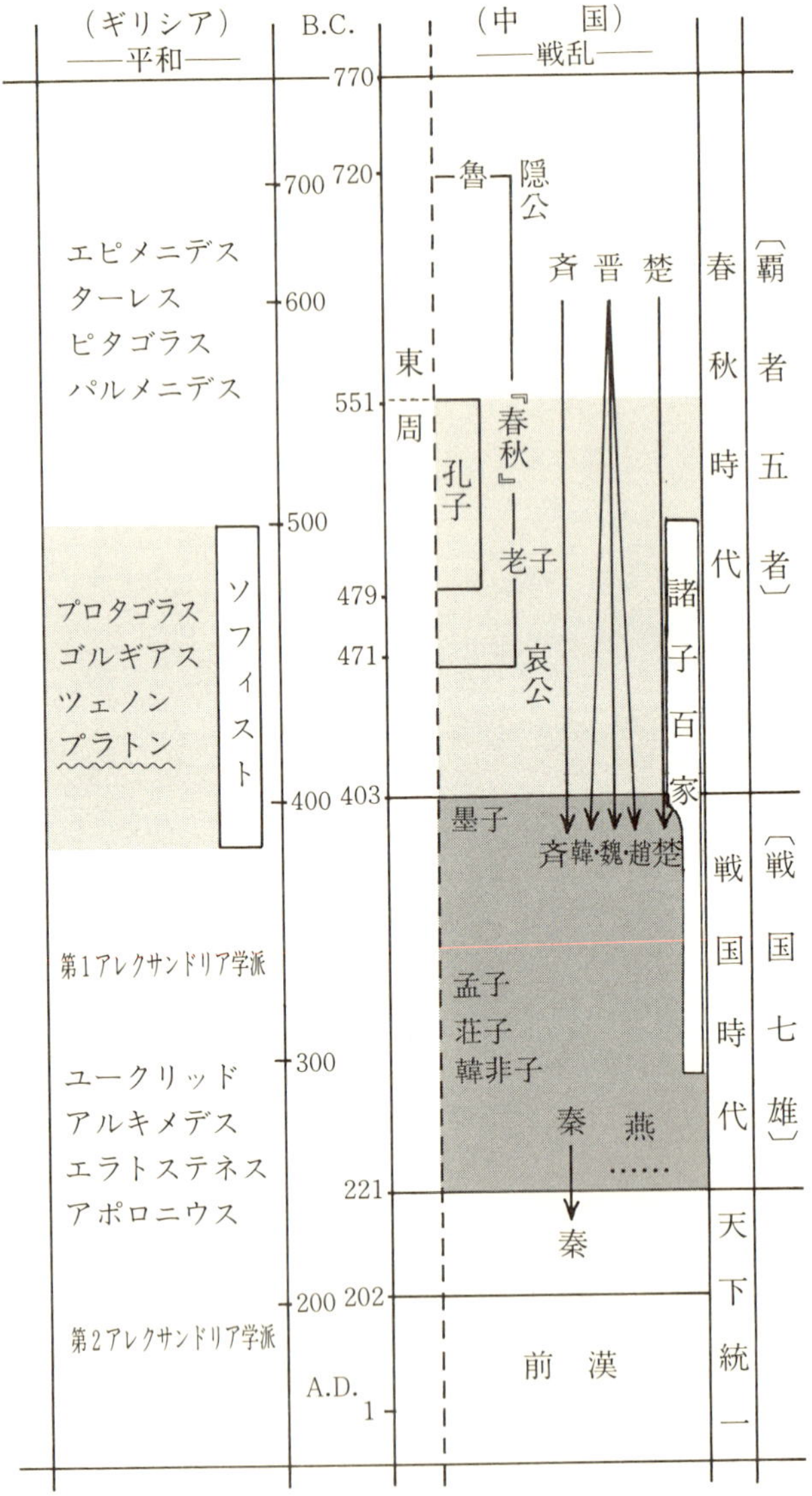

推論の方法

- 推論
  - 直接
    - 直接証明
    - 数学的帰納法
  - 間接
    - 反例
    - 同一法
    - 転換法
    - 対偶法
    - 背理法
    - ……

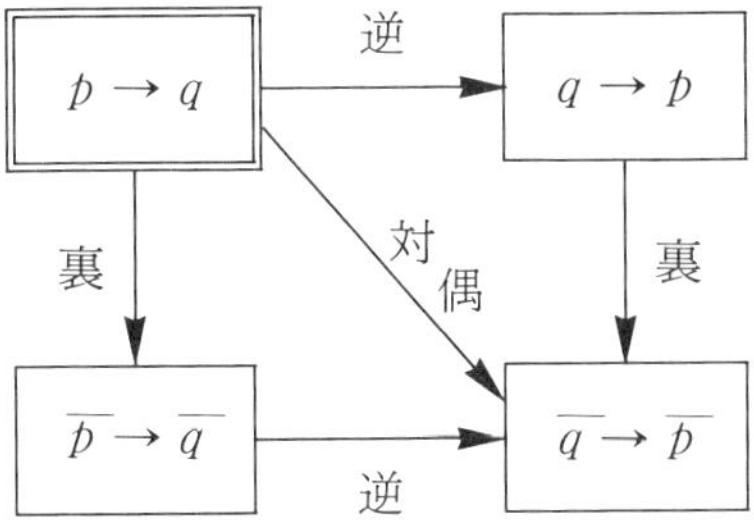

・逆，裏必ずしも真ならず
・命題とその対偶は同値

「まず、前ページの表を見て頂きたい。」が彼の口癖である。あまりにも偶然の不思議であるが、古代ギリシア、古代中国でときを同じくして論理学が誕生、発展し、しかも後世になるとパラドクスが発生してくる、という同じ傾向をもっている。

しかも、一方は〝平和の民主主義社会〟、他方は〝戦乱で国勢伸展社会〟と全く相反する必要から創案されている点もまた極めて不思議である。

推論の過程で、用語の定義や定理の誤用、命題の逆の使用などによって、循環論法やパラドクスが発生するのである。

論証を含めた説得法で、直接的なものと間接的なものとがある。正面攻撃ではどうにもならないとき、裏面攻撃をするわけで、裁判でもアリバイ（不在証明）が利用されている。

さて、『論理学』は、二〇世紀に創案された『集合論』と深く関連がもたされて、論理の新しい時代を迎えた。

論理と集合と図

論理記号	集合記号	オイラー（ベン）図
$p \rightarrow q$	$\mathrm{P} \subset \mathrm{Q}$	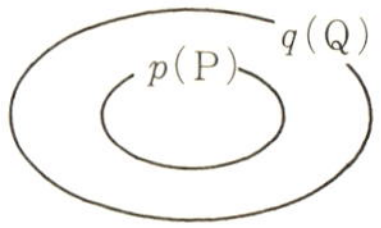
$p \wedge q$	$\mathrm{P} \cap \mathrm{Q}$	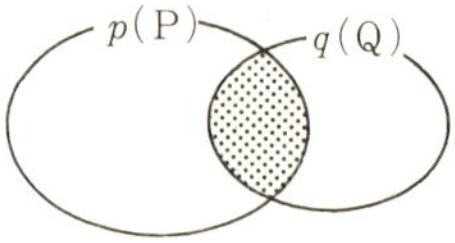
$p \vee q$	$\mathrm{P} \cup \mathrm{Q}$	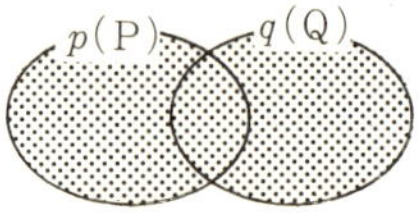
$\overline{p}$	$\overline{\mathrm{P}}$	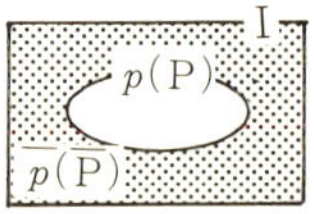

一八世紀のオイラーは論理の関係を図にしたが、これは「オイラー図」とよばれた。

この考えを転用し、集合の関係を図にしたのが二〇世紀イギリスのベンで、これを「ベン図」とよぶ。

上の表は、論理と集合との関係をまとめたものである。

この集合についての演算がイギリスの数学者ブールによって『ブール代数』が創案され、それがコンピュータの原理となっているのである。

集合演算

	I　結び		II　交わり
⑴	$A \cup A = A$	巾《べき》等法則⑴	$A \cap A = A$
⑵	$A \cup B = B \cup A$	交換法則⑵	$A \cap B = B \cap A$
⑶	$(A \cup B) \cup C = A \cup (B \cup C)$	結合法則⑶	$(A \cap B) \cap C = A \cap (B \cap C)$
⑷	$A \cup O = A,\ O \cup A = A$	⑷	$A \cap I = A,\ I \cap A = A$
⑸	$A \cup A' = I,\ A' \cup A = I$	⑸	$A \cap A' = O,\ A' \cap A = O$

III　分配法則

⑴　$A \cap (B \cup C) = (A \cap B) \cup (A \cap C)$

⑵　$A \cup (B \cap C) = (A \cup B) \cap (A \cup C)$

IV　補元

⑴　$(A')' = A$　　⑵　$O' = I,\ I' = O$

⑶　$(A \cup B)' = A' \cap B'$　　⑷　$(A \cap B)' = A' \cup B'$

ブール代数

上の集合演算で，

$I \to 1$

$O \to 0$

$A \to x$

$\cup \to +$

$\cap \to \times$

とおくと

+	1	0
1	1	1
0	1	0

×	1	0
1	1	0
0	0	0

x	1	0
x'	0	1

（会話 討論）
↓
（論理）
↓
『論理学』
↓
『記号論理学』
↓
『ブール代数学』
↓
（コンピュータ）

〝風が吹けば桶屋が儲かる〟はよく知られ、用いられる妙な三段論法の組み合わせの代表であるが、「論理の歴史」もまた右のようで、それに似ている。

人間社会の最も古いものが、最も新しいものにつながっているということは、〝神の技〟と思わないではいられない。しかも、この整然とした構成。これに対して三須照利教授は、

「神は論理を創り給うた。あとの言葉などは人間が創った。」

と、クロネッカー（四五ページ参考）の名言を真似て述べている。

ＰＫＯ問題では「戦争」、「協力」などが、社会では「セクシャル・ハラスメント」（性的いやがらせ）などの〝定義〟が問題になる、ときに裁判の逆転判決の原因になるなど用語、言葉が国内・国際間で意志疎通がうまくいかず、問題を複雑にさせていることが多い。

旧約聖書によると、人々が天にとどく『バベルの塔』をつくろうとしたのに怒った神が、これをこわした上、人々が相談できないように言葉を別々にした、とあるが、あるいはこれが真実かも知れない。

五、神秘の数学性

〝美〟の追求

〝美〟を感じるのは極めて主観的なものであるが、一方、多数の人々が共感する部分がある。そこで、美を科学的に分析すると、左のような七つの条件があげられる。

これらは数学の内容にもみられるものであるし、数学が本来〝美〟を追求していることを発見する。

上のそれぞれが、どのような場面にみられるかを具体例をあげて考えてみよ。

一般に〝美〟というと、目にみえるものが対象になるが、既にとりあげてきたように、

○数式や計算式の形式美

○関数や統計・確率の中にある偶然美

○論理の中の構成美

〝美〟決定の7条件

ハーモニー	(harmony)	調和
プロポーション	(proportion)	比率
シンメトリー	(symmetry)	対称
バランス	(balance)	均衡
リズム	(rhythm)	律動
リピート	(repeat)	反復
ユニティー	(unity)	統一

プラトンの宇宙図形

〝神は幾何学する〟

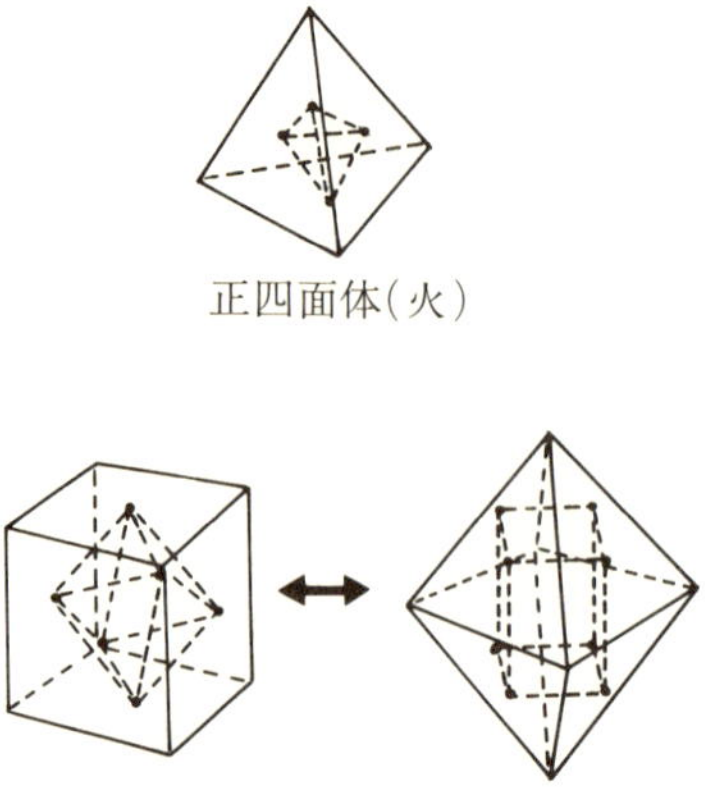

正四面体（火）

正六面体（土）　正八面体（空気）

図略　図略

正十二面体（宇宙）　正二十面体（水）

セザンヌの究極図形

〝自然は円柱，円錐，球によって構成されている〟

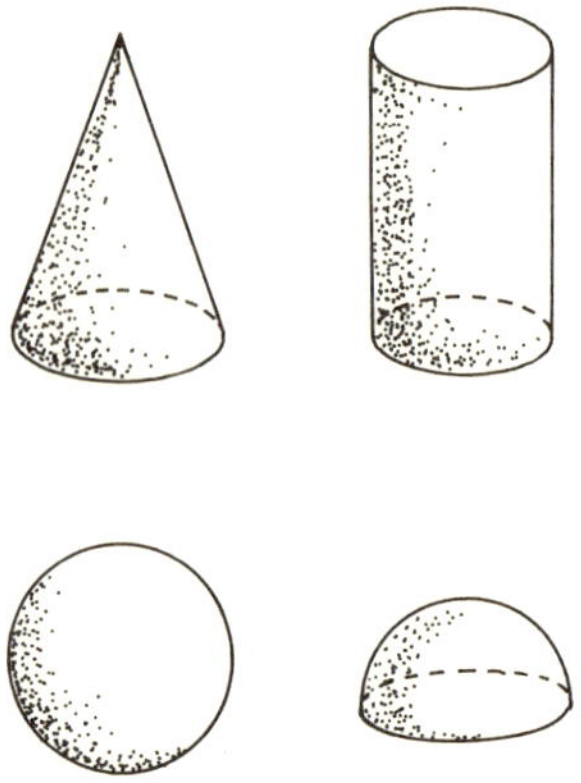

(注)　すべて円に関係ある立体。
セザンヌは19世紀フランスの印象派自然主義の画家。

などもある。

しかし、納得し、感動するものは図形美であろう。

上の『セザンヌの究極図形』は有名であるし、既に述べたアルキメデスの墓や黄金比の図形などがそれである。

『プラトンの宇宙図形』といわれる上の五種類の多面体では、形の美のほか〝双対の美〟がある。

○正四面体は自分自身
○正六面体と正八面体
○正十二面体と正二十面体

が、それぞれ対《つい》になる、という不思議である。

（注）各面の中点を順に結ぶと内部に対の正多面体ができる。正十二、二十面体については、複雑なので省略。

代数での対《つい》

約数の対	36　1　2　3　4　6　9　12　18　36
加減の対	(反数)　$(+2)+(-2)=0$
乗除の対	(逆数)$\frac{3}{5}\times\frac{5}{3}=1$
共役複素数	$a+bi, a-bi$
展開公式	$(a\pm b)^2=a^2\pm 2ab+b^2$
二次方程式の解	$ax^2+bx+c=0$　$x=\frac{-b\pm\sqrt{b^2-4ac}}{2a}$
$x^3-1=0$の解	1，w，w^2　$\left(w=\frac{-1+\sqrt{3}i}{2}\right)$

関数での対

反比例の双曲線

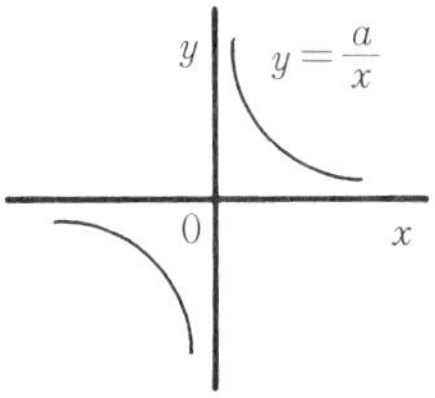

逆関数，逆写像のf，f^{-1}

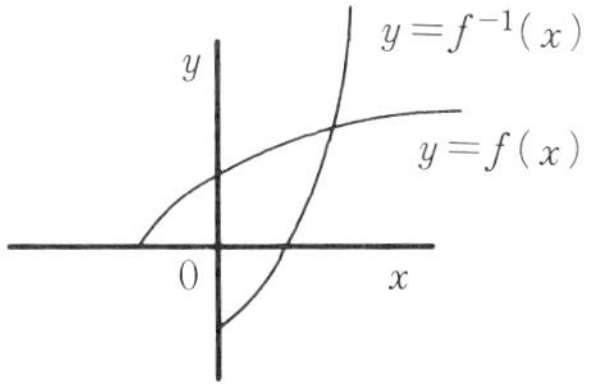

実は〝対の美〟は図形に限ったものではない。数学内容から拾いあげていくと上や左のように、いろいろとあげることができる。

最も広大な双対性は七一ページに示した集合演算での∪と∩で、この二つの演算は、そっくり入れ換えても公式が成り立つという関係である。

双対の六角形

ブリアンションの定理

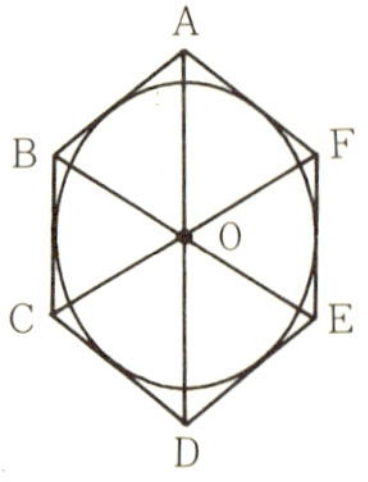

円錐曲線に外接する六辺形の3対の頂点を結ぶ3つの直線は1点Oで交わる。

パスカルの定理

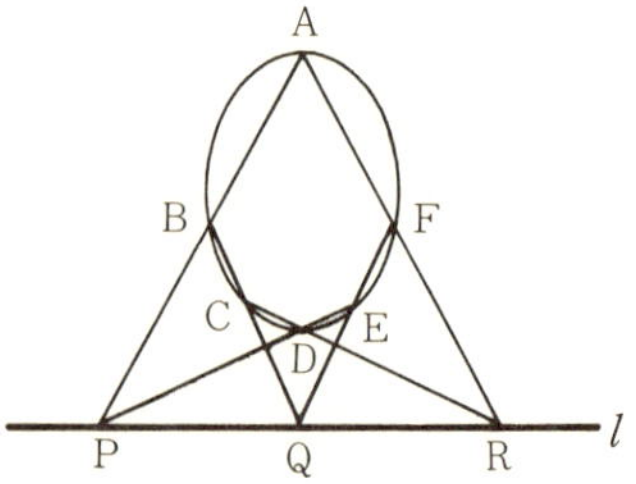

円錐曲線に内接する六点形の3対の対辺を結ぶ3つの交点は一直線l上にある。

(注) 円錐曲線（円，楕円，双曲線，放物線）と交わる2直線でこれが成立する。

一七世紀フランスの数学者、宗教家で著名なパスカルは射影幾何学の考えで『円錐曲線論』を著作したが、上の六角形に対して「神秘六辺形」の名を与えている。

これに対して、一九世紀フランスの数学者ブリアンションは、双対の六角形を発見している。

同時代の数学者ポンスレは『射影幾何学』を創案したが、この着想のすぐれた点は、「連続の原理」と「双対の原理」で、双対の原理とは、上の二つの定理のように〝点を直線に、直線を点に、とおきかえても一方が成り立つことは他方も成り立つ〟という関係のものである。

これこそ、神秘というものであろう。

数学の神秘と美を飾るものは、建造物との関係である。

京都の二条城、奈良の東大寺をはじめ、全国の大きな寺の屋根は平面ではなく、そった〝曲線美〟の形になっている。それは長年の研究から、雨水が平面より速く落ち、雨漏れを防ぐことになるのを発見したことによるという。経験から得た曲線であろう。

しかし、この曲線を数学の目でみると、「最速降下曲線」といわれるもので、物理学上も雨水が速く落ちることを証明できるものであり、その曲線は円をすべらずに回転させたとき円周上の一点の描く美しい曲線――サイクロイド――なのである。

大きな寺の屋根

サイクロイド曲線

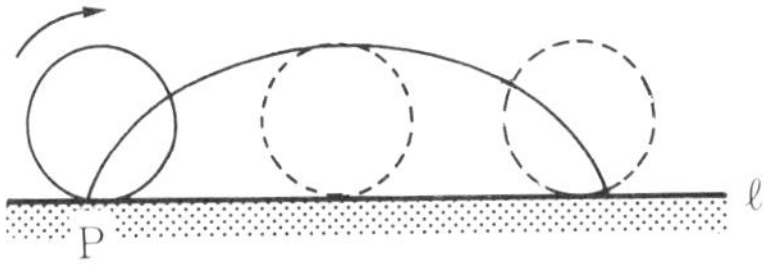

最速降下曲線

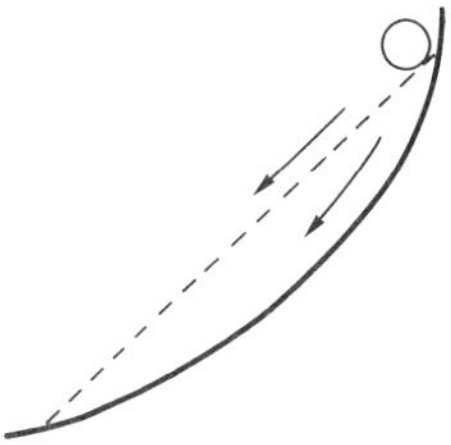

傾斜平面を落ちるより，加速度のつくサイクロイド曲線を落ちる方が速い。

エッフェル塔や東京タワーのような高い塔では、〝脚線美〟の素晴らしさで有名である。日本の城の堀にある石積みの曲線もそれで、これは物理学上、直線より強じんなのであり、美と強さが一致している神秘といえよう。

しかも、その曲線は指数曲線――人口増加、利息計算や鼠算など――で、人間社会にもしばしば登場する身近な曲線である。

その他、懸垂線（カテナリー）、伸開線（インボリュート）など、美しい曲線の上、身近にみることができるものである。

エッフェル塔の脚線美

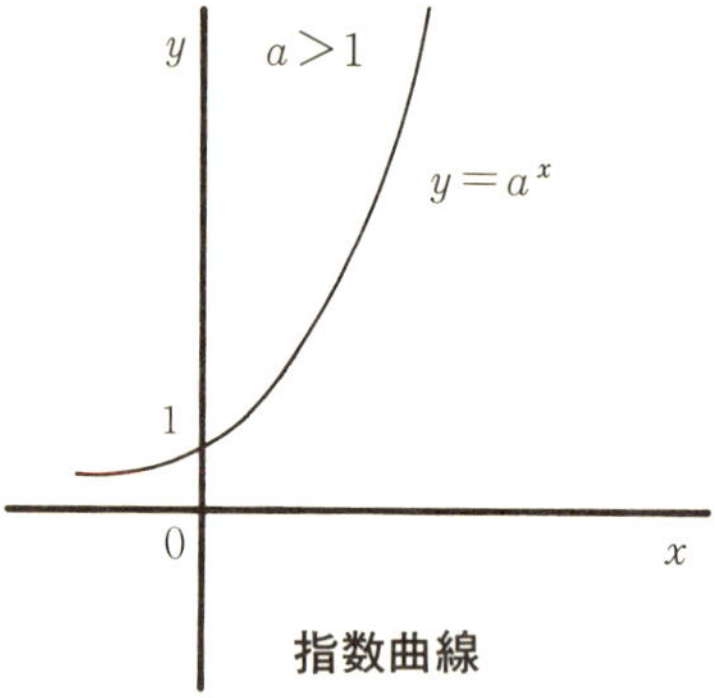

指数曲線

瀬戸大橋の懸垂線

第3章

神の誤り

神殿とも天体観測所ともいわれる『ストーン・ヘンジ』(イギリス)
──全景は130ページ──
地球の1年間を，ピタリ360日か365日にしなかったのは，神の誤りである。

1年間を365.2420日と観測した古代マヤの『暦のピラミッド』(メキシコ)
階段の数が 91段×4面+1段=365段 ある。

一、ピタゴラス学派のアロゴン

自然数で表わせぬ数

哲学者でもあるピタゴラスは「万物は数である」といったが、この〝数〟とは自然数のことで、彼は世の中のすべては、自然数で表わせる、と考えていた。また、分数（比数）も、自然数二つを用いて表わした数であり、これらによって万物は表わせる、と信じていた。

とりわけ音階を、数の比で示した話は有名である。

rational number
（比で表わせる数）

自然数		5	比数
分数	有限小数	0.3	比数
分数	無限小数（循環小数）	0.2828…	比数
	非循環小数（無理数）	$\sqrt{2}$, π, …	

中国伝来語である『有理数』（広い意味の分数）は適当な訳ではなく，正しくは〝比数〟がよい。

㊟　小数は16世紀に発見された。

$0.3=\frac{3}{10}$，$0.2828\cdots\cdots=\frac{28}{99}$ で共に比数。

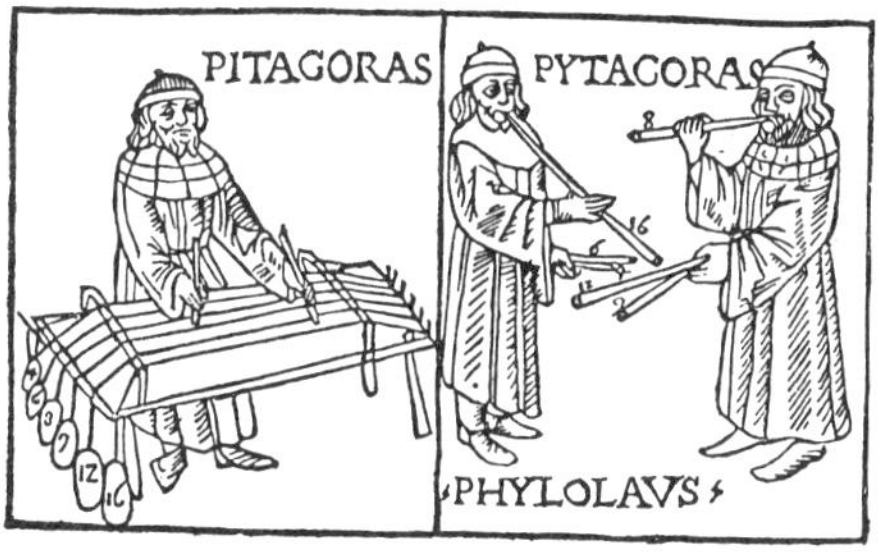

音楽比例

$$a : \frac{a+b}{2} = \frac{2ab}{a+b} : b$$

（例）

12 : 9 = 8 : 6

有理数でない証明

(1)

$$1^2 < x^2 < 2^2$$

$$1.4^2 < x^2 < 1.5^2$$

$$1.41^2 < x^2 < 1.42^2$$

$$1.414^2 < x^2 < 1.415^2$$

$$1.4142^2 < x^2 < 1.4143^2$$

もし有限だとすると

$x^2 = 1.4142 \cdots\cdots 0^2$

右辺が2になることはあり得ないので，循環しない無限小数である。

(2) いま，有限数 $\frac{a}{b}$（a，b は互いに素）で表わせたとすると

$$\sqrt{2} = \frac{a}{b} \cdots\cdots\cdots\cdots\cdots\cdots ①$$

両辺を二乗すると

$$2 = \frac{a^2}{b^2} \quad \text{よって} \quad 2b^2 = a^2 \cdots\cdots\cdots\cdots ②$$

a^2 は偶数なので a も偶数。

そこで $a = 2c$ とおくと

②は　$2b^2 = (2c)^2$，$2b^2 = 4c^2$

よって $b^2 = 2c^2$ となり b も偶数。

すると a, b は2を約数にもち互いに素ではない。

これは仮定に反する。

よって有理数では表わせない。

$\sqrt{2}$ の存在

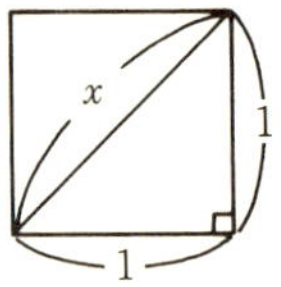

三平方の定理により，

$x^2 = 1^2 + 1^2$

$x^2 = 2$

$x = \pm\sqrt{2}$

長さなので負はとらない。

よって

$x = \sqrt{2}$

ピタゴラスは既にピタゴラスの定理（三平方の定理）を証明していたので、上のように考えて $\sqrt{2}$（この記号は一六世紀）という数の存在と、これが有理数（分数）で表わせないことを知っていたのである。

自然数論者である彼は、

「これは、神が誤って創ったものである。神の誤りは秘密にしておかなくてはならない。」と考え、ピタゴラス学派では口外を禁じた、という。

〝アロゴン〟(alogon) とは「口にしてはいけない」の意味で、この数（後世、無理数という）に対してアロゴンと名づけたと伝えられている。

これについては一つの伝説がある。

古今東西、秘密を知ると他人にシャベル、口の軽いものがいるもので、学派内の一人が、無理数の存在を口外した。この彼がある日、航海に出たところ、神の怒りにふれて船が難破し溺死したという。

三須照利教授は、このミステリアスな話はピタゴラス学派が一種の秘密結社であったこともあり、ピタゴラスが派内の結束のために創作した物語ではないかと想像している。

三平方の定理証明の動機となった神殿の敷石の探訪を兼ねて、三須照利教授はサモス島の彼の生地、現ピタゴリアン市へ行き、博物館やその前の胸像を見学してきたのである。

ピタゴラスの胸像（サモス島）

神の誤りか？

四元数では乗法の

交換法則が成り立たない。

(証明)

$(a+bi+cj+dk)$

$\times(p+qi+rj+sk)$

$=(ap-bq-cr-ds)+(aq+bp-cs-dr)i$

$+(ar-bs+cp+dq)j+(as+br-cq+dp)k$

$(p+qi+rj+sk)$

$\times(a+bi+cj+dk)$

$=(ap-bq-cr-ds)+(aq+bp-cs-dr)i$

$+(ar+bs-cp-dq)j+(as-br+cq+dp)k$

よって交換法則が成り立たない。

(注) i，j，kの間には次の規則がある。

$$\begin{bmatrix} i^2=j^2=k^2=-1, & ij=k, & ji=-k \\ ik=-j, & ki=j, & jk=i, & kj=-i \end{bmatrix}$$

〔**参考**〕交換，結合法則でも減法，除法は成り立たない。

$a-b\neq b-a$，$a\div b\neq b\div a$ など。

複素数（虚数）では数の

大小がない。

(証明)

いま，2数を ai，bi

$(a>b>0)$ とする。

① $ai>bi$とすると

$i>0$。両辺を2乗して $-a>-b$ より

$a<b$ で矛盾。

② $ai=bi$とすると，

$a=b$ で矛盾。

③ $ai<bi$とすると

$i<0$。両辺を2乗して $-a>-b$ より

$a<b$ で矛盾。

①～③より，ai，bi の大小は決められない。

数の世界で、他に神の誤りがないかを探ってみると、ナント！ 上のようなものがあった。

〝大小のない数〟

〝交換法則がダメ〟

どちらも、中学数学までては考えられない事柄である。

こんな妙なことは……〝神の誤り〟ではないのか？

そう思う内容がほかにもある数学界のミステリー。

二、不能、不定という答

0、iや∞の乗除法

一九世紀ドイツの数学者クロネッカーは、「神は自然数を創った。あとの数は人間が創った」と述べたが、〝あとの数〟も神が創り、それを数学者が発見していった、と考えるのが正しいであろう。

しかし、クロネッカーが〝他は人間の作〟というように、またピタゴラスが〝神の誤り〟とみるような、自然数以外の数には、問題をもつものがいろいろある。

神の誤算 0 と i

⇨ 発展

0，負の整数　分数　無理数　虚数

数＼特徴	自然数	整数	有理数	実数	複素数
分布	数直線				複素平面
	離散 パラパラ		調密 すきまなし	連続 ビッシリ	ビッシリ
閉じた演算	加法 乗法	加法 乗法 減法	四則	四則 累乗根	四則 累乗根 i

神の誤り？

$$\sqrt{-1}=\sqrt{-1}$$

$$\sqrt{\frac{1}{-1}}=\sqrt{\frac{-1}{1}}$$

$$\frac{\sqrt{1}}{\sqrt{-1}}=\frac{\sqrt{-1}}{\sqrt{1}}$$

$$\sqrt{1}\cdot\sqrt{1}=\sqrt{-1}\cdot\sqrt{-1}$$

$$(\sqrt{1})^2=(\sqrt{-1})^2$$

$$\therefore\quad 1=-1$$

（巻末参考）

〝天の邪鬼〟を自称する三須照利教授は、神が0、iや∞については、手を抜いた誤りがあるものと予想し、それを探して楽しんでいるのである。

虚数iについては、大小のない数（八四ページ参考）をつくり、また前ページのパラドクスも生んだ。0についての乗除法では、乗法がスンナリと答があるのに、除法は実にわかりにくい。

三須照利教授は、「これも神のミスだ。」と述べている。

神の、あの万能の力で〝不能〟とか〝不定〟などという答の存在はあり得ない、というのである。

0についての乗除法

（乗法）

$0\times a=0 \qquad a\times 0=0$

$0\times 0=0$

（除法）

$0\div a= \qquad a\div 0=$

$0\div 0=$　　　　ただし，$a\neq 0$

〔上の除法の解〕

$0\div a=x$とおくと，

$ax=0$　よって$x=0$

$a\div 0=x$とおくと，

$0x=a$　　不能

$0\div 0=x$とおくと，

$0x=0$　　不定

（注）　不能とは，答が得られない，
不定とは，答が無限にあって1つに定められないこと。

私に、不可能、不確定ということはない
オカシーヨ
ウソダ
ガヤ
ガヤ

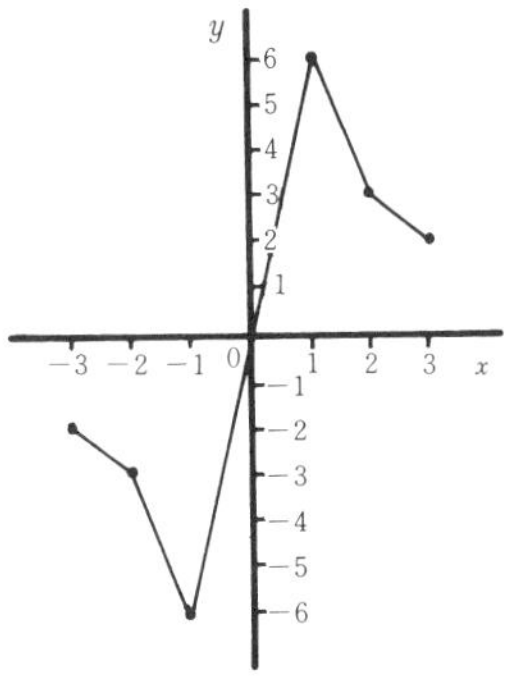

グラフ化
⇦

$$y=\frac{6}{x}$$

x	…	−3	−2	−1	0	1	2	3	…
y	…	−2	−3	−6	−	6	3	2	…

$x=0$ のとき $y=0$ と考え，
左のようなグラフを描く人もいる。
もっともらしいが……。誤り。

0に関しては、〝位取り記数法の誕生〟という大貢献の反面、混乱させる種々の問題を発生させていて、どうみても不手際！といわなくてはならないであろう。

「功罪あいなかば」の神の作品とみてよい、と三須照利教授は力説している。

数学者たちが、0をなんとか〝数の仲間〟に入れようとしていろいろ約束を作り、苦労しているのがみられるであろう。

ドイツのエレベータのプッシュ・ボタン
（0や-0がある）

0に関する数

$\sqrt{0}$	$=0$	
a^0	$=1$ ◀	ナンデ1か
0！	$=1$ ◀	ナンデ1か
$\log 0$	＝（考えない）	
$\sin 0$	$=0$	
${}_nC_0$	$=1$ ◀	ナンデ1か

三、類推、帰納のつまずき

安易予想は裏切られる

数学では一つの内容が創案されると、それをさらに広げ、発展させる。そしてそれらが正しいことを確認しながら前進する、という方法をとるものである。たとえば、初等的なものを例にすると、

○自然数のもつ性質や計算、法則が、整数→有理数→実数→……という数でも成り立つかどうか

○三角形のもついろいろな性質が、四角形→五角形→六角形→……という図形でも成り立つかどうか

これらは**類推**といわれるものである。

一方、異なるいくつかのものの中に、共通する性質、法則をみいだすことを**帰納**という。

類推や帰納によって得られた性質、法則が、正しいかどうかの確認をするのが**演繹**《えんえき》で、これがふつういう証明――実証と論証――といわれるものである。

発見の方法	類推（類比推理）	― 広げる
	帰納	―――――― 集める
確認の方法	演繹（証明）	―――― 説得

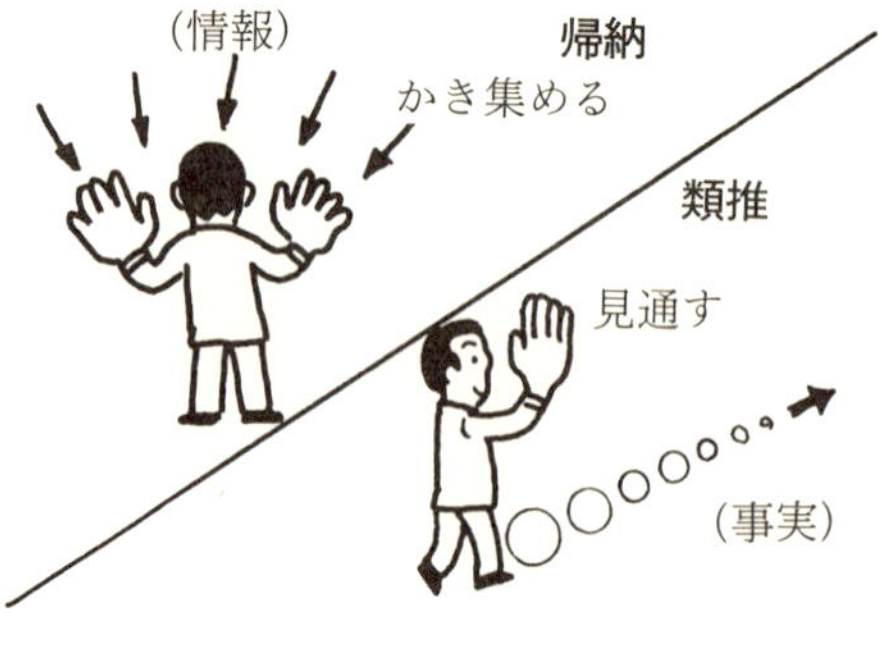

「安全神話」に司法の疑問

上の新聞の見出しは、「高浜原発2号機差し止め訴訟」の記事についていたもので、従来、実質論議に入ることがまれだった原発問題で、司法が「安全神話」に踏み込んだ、というのである。前述のように数学で、内容の発展をさせる方法の一つに〝類推〟〝帰納〟があるが、これらでは、ある性質がそのまま継続していくという一種の「安全神話」の上に成り立っている。左はその例だが数学界でも、類推、帰納についての安全神話がときにくずれる例もある。

計算の安全神話

正・負の乗法

$(-5)\times(+3)=-15$
$(-5)\times(+2)=-10$
$(-5)\times(+1)=-5$
$(-5)\times 0 \quad = 0$

かける数を1減らすと、答は5ふえる

$(-5)\times(-1)=+5$
$(-5)\times(-2)=+10$
$(-5)\times(-3)=+15$

上の類推は〝安全神話〟と考えて……

よって$(-)\times(-)=(+)$である。

図形の安全神話

凸多角形と対角線の数

三角形	0本	
		2
四角形	2本	
		3
五角形	5本	
		4
六角形	9本	
		5
七角形	14本	

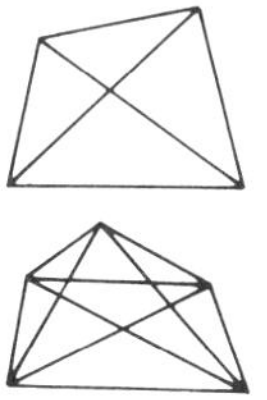

この数列は〝安全神話〟と考えて…

(頂点の数)×(頂点の数−3)÷2
よって n 角形の対角線の数は

$\dfrac{n(n-3)}{2}$ 本である。

素数を表わす式

$f(m)$

$=m^2+m+41$

上の式は、五一ページで紹介したものであるが、$m=0, 1, 2, 3,$ ……を代入するとすべて素数が得られるので、これから帰納して「素数を表わす式」と断定したくなるが、$m=40, 41$では素数ではない。

また、左の円周上の点の数と、これを結ぶ線分によって分けられる部分の数について、帰納で一般式2^{n-1}が得られそうであるが——、これも不成立である。

円周上の点の数と部分の数

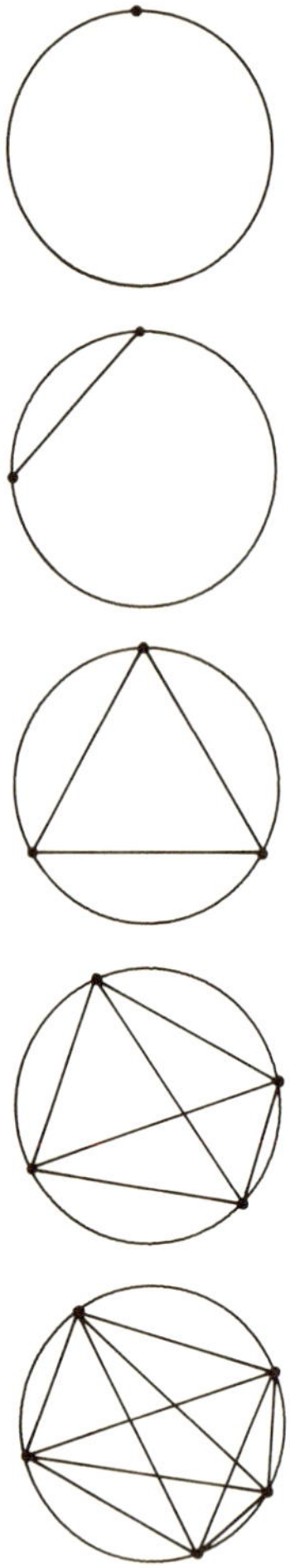

点	部分
1	1 (2^0)
2	2 (2^1)
3	4 (2^2)
4	8 (2^3)
5	16 (2^4)
n	(2^{n-1}) ?

(巻末参考)

四、アルゴリズムと方程式

数学の機械部分

コンピュータではアルゴリズム（流れ図）が必要である。

アルゴリズムは手順形式で、流れ作業の機械のようなものであり、この形式に従えば、途中の処理は頭を使わず自動的に次々進められる。この語は、八世紀アラビアの著名な数学者、「ムハマッド・イブン・ムーサー・アル・ファーリズミー」の名の後半をとったものである。

実はこの代数学者が文章題を方程式によって解く方法を考案したことによる。

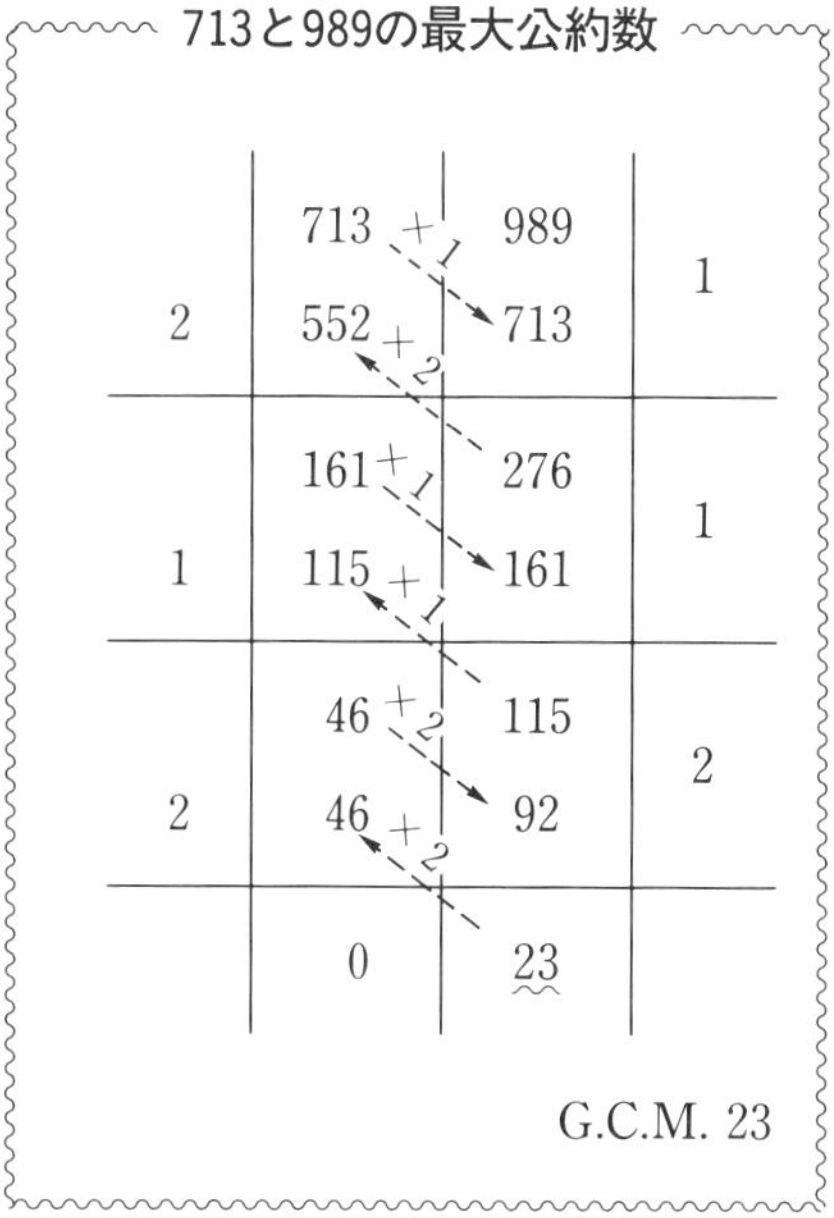

アルゴリズムの語源については既に広く知られたことであるが、三須照利教授はこの機械的方法や考え方は、数学の歴史上では古いものであると考えて調べたところ、紀元前三世紀の『幾何学書』（原論）を著作したユーク

方程式とアルゴリズム

一次方程式　$\dfrac{x-5}{3}=\dfrac{2x+1}{4}-1$

〔アルゴリズム〕	〔同値変形〕
(1) 両辺に分母の最小公倍数をかけよ。	$\dfrac{x-5}{3}\times 12=\left(\dfrac{2x+1}{4}-1\right)\times 12$
(2) 整理せよ。	$4(x-5)=3(2x+1)-12$
(3) かっこをはずせ。	$4x-20=6x+3-12$
(4) 計算して移項せよ。	$4x-6x=-9+20$
(5) 同類項をまとめよ。	$-2x=11$
(6) 両辺をxの係数でわれ。	$x=-\dfrac{11}{2}$

リッドが、最大公約数を求めるのに上のような方法を用いていることを発見した。

つまり、アルゴリズムの原理は、遠く二千三百年も前から用いられていたのである。

一次方程式の解法でのアルゴリズムは上のようである。

二次方程式ともなると、どのような形式のものでも、左の公式ただ一つで、解が得られるアルゴリズムの塊である。

二次方程式の解法

$ax^2+bx+c=0\ (a\neq 0)$

解の公式

$$x=\frac{-b\pm\sqrt{b^2-4ac}}{2a}$$

公式は一種の鋳型！

高次方程式と一般解

三次方程式　$x^3+ax^2+bx+c=0$

x^2の係数をなくすためxに$(y-\frac{a}{3})$を代入したあと，$y=u+v$として計算し，u^3，v^3を2根とする二次方程式 t の $t^2+qt-\frac{p^3}{27}=0$ を導く。

四次方程式　$x^4+ax^3+bx^2+cx+d=0$

x^3の係数をなくすためx^2に$(y^3-\frac{a}{4})$を代入したあと，$x^4+px^2+qx+r=0$。これを$x^4=-(px^2+qx+r)$と変形し，両辺に$yx^2+\frac{1}{4}y^2$を加える。この判別式が0になる式から三次方程式を導き，上による。

五次方程式　$ax^5+bx^4+cx^3+dx^2+ex+f=0\ (a\neq 0)$

一般解なし

三次、四次方程式の解法は、一六世紀におけるイタリアの有名な数々の「数学公開試合」によって急速に進歩し、次々と一般解（公式）が誕生した。

数、図形と同様、方程式においても、

一次→二次→三次→四次

と解法が得られてきた。ここで当然五次方程式の一般解も得られると類推された。

しかし、……〝神のミステーク〟であった。

五次方程式以上は、代数的――四則や累乗根の演算――には解けないことが証明された。

また、任意の角の二等分の類推で、三等分に挑戦した古代ギリシア人が、定木、コンパスの有限回使用では作図できなかった（いずれも一九世紀に不可能が証明されている）。

「類推、帰納も、注意せよ」という教えであるのかも知れない。

アルゴリズムと流れ図

アルゴリズムは、ある作業の手順であるから、コンピュータ操作や方程式の解法だけでなく、左のような日常生活の手順や大掃除、あるいは建築現場の作業日程などもアルゴリズム化して流れ図にすることができる。

各自、自分の生活の流れ図を作ってみよ。

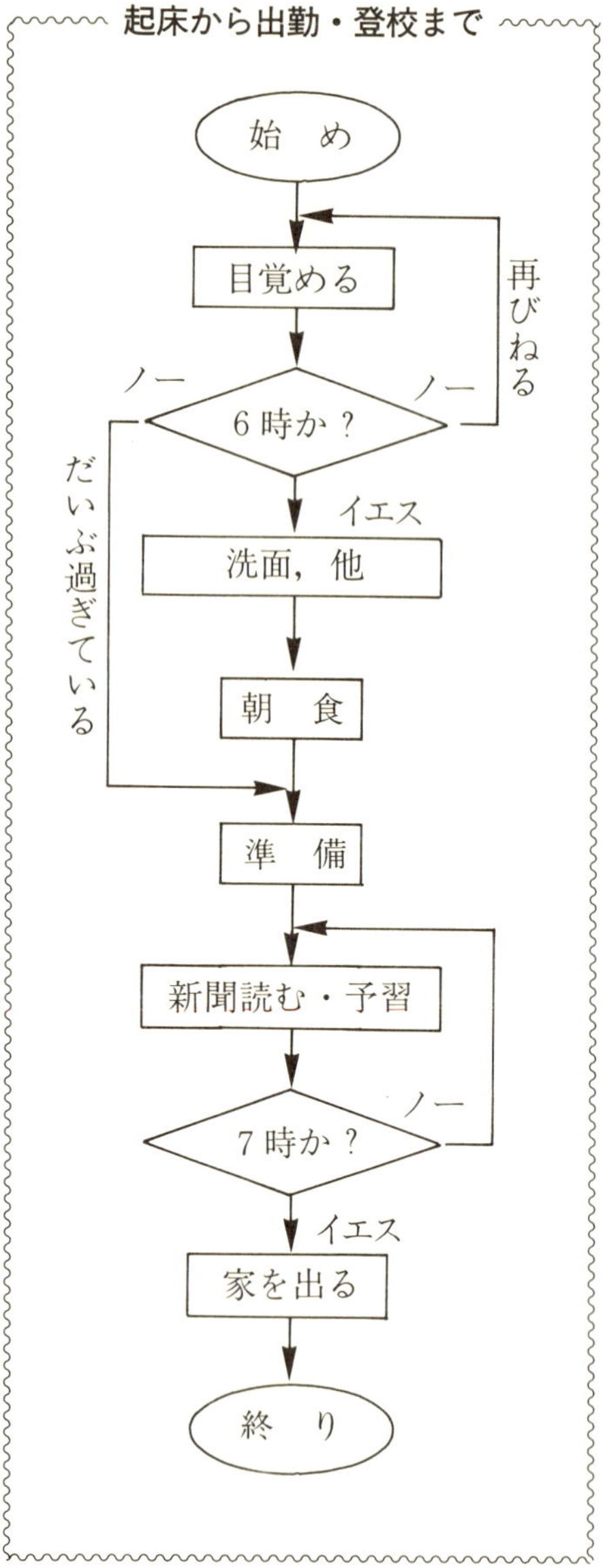

五、作図の突然変異

直線と曲線のからみ

地球上に、今日多数の生物の種《しゅ》があるのは、進化論的にいえば〝突然変異〟の連続によるといえるであろう。

現代人の起源の一説に、「ミトコンドリア・イブ」（一六ページ参考）という分子遺伝学上の突然変異――DNA鑑定――があるが、数学界にも突然変異がしばしばある。

これらは、〝神の誤り〟なのか、上手な意図的計算なのか、神に聞かない限り本当のところはわからないが、数学上では初心者を混乱させる困ったものであることだけはまちがいない。

突然変異

分数が整数に

$\frac{3}{5}+\frac{2}{5}=1$

小数が整数に

$1.25\times4.8=6$

負の数が正の数に

$(-3)\times(-2)=(+6)$

虚数が実数に

$5i\times4i=-20$

上は初等的な計算の例であるが、ある数同士の計算が、別の種類の数になってしまう、という突然変異である。

ほかにどんな例があるか考えてみよ。

円の回転の軌跡

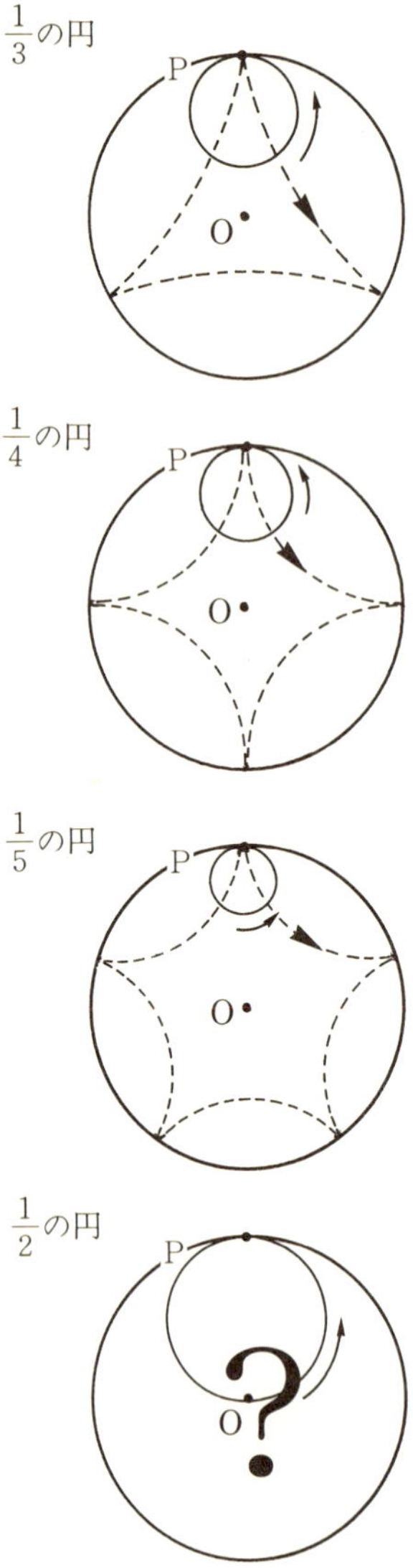

直線が曲線に？

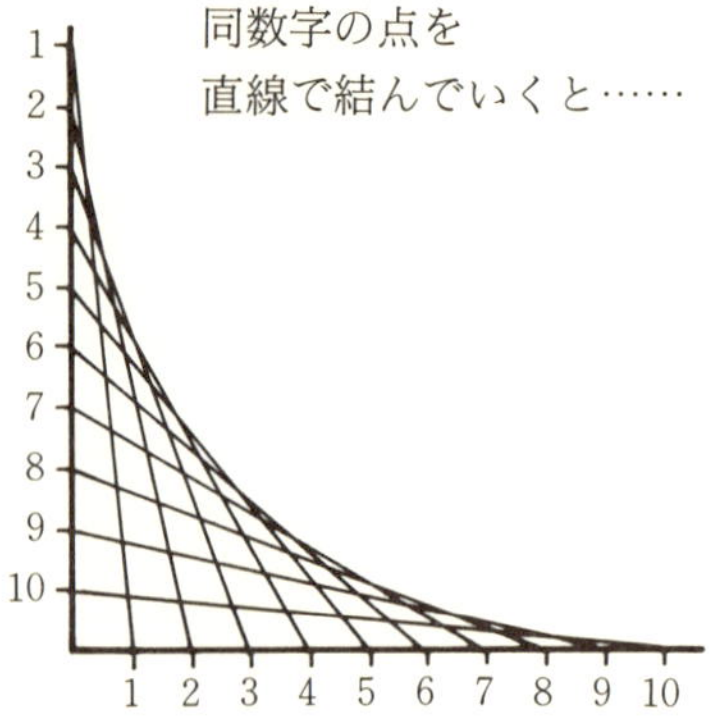

同数字の点を
直線で結んでいくと……

上の図は、直線が曲線をつくる突然変異の例であるが、これは、籐《とう》椅子、竹細工の電気笠、あるいはつづみのひもなど、身近なところにみられるものである。

さらに驚く突然変異の例がある。

左の図は、固定円Oの内側を、ある円をスベラズに回転させ、回転円の周上の一点Pが描く軌跡（……→……）についての問題である。さて、半径が円Oの$\frac{1}{2}$のとき、点Pはどんな軌跡を描くか。

半径$\frac{1}{2}$円上の点Pが描く軌跡の予想

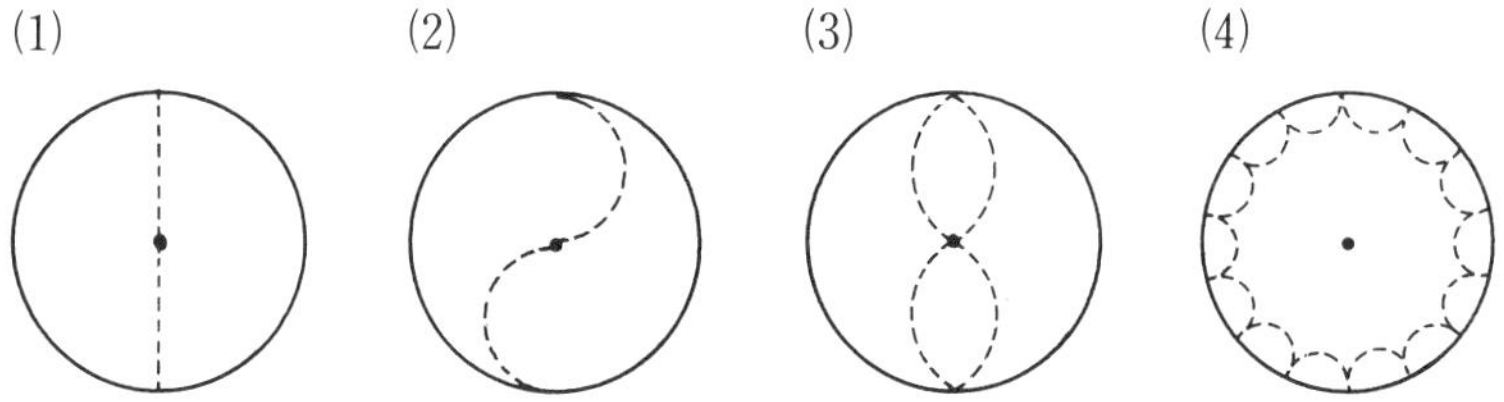

無限数列の種類

- 無限数列
  - 収束（極限値）— 極限がある
  - 発散
    - ＋∞ — 極限がある
    - －∞ — 極限がある
    - 振動 — 極限がない

上の(1)～(4)は、この質問に対しての大学生の解答である。

サテ、この中のどれが正答であろうか？

前ページの図から円Oの半径の$\frac{1}{3}$～$\frac{1}{5}$の場合はその軌跡がすべて曲線であるから、$\frac{1}{2}$の場合も当然、この類推で曲線であろうと予想される。そのため、(2)～(4)が予想されるが、$\frac{1}{2}$の場合は、突然変異が起こり、軌跡は直線（直径）になるのである。

無限数列は、無限の内容なのでなかなか実態がとらえられず、一九世紀になっても未解決問題がいくつもあった。

これは分類すると上のようであり、∞や振動などが登場してくる。

一九世紀チェコの数学者、哲学者、そして神学者のボルツァーノ（『集合論』のカントールの先駆者）は、次の問題を提案した。

無限数列の答？

(1)　$S = 1 - 1 + 1 - 1 + 1 - 1 + \cdots\cdots$

(2)　$S = 1 - 2 + 4 - 8 + 16 - 32 + 64 \cdots\cdots$

(1)の答

①　$S = (1 - 1) + (1 - 1) + (1 - 1) + \cdots\cdots$

$= 0 + 0 + 0 + \cdots\cdots$

$= 0$　　　　$S = 0$

②　$S = 1 - (1 - 1 + 1 - 1 + 1 - 1 + \cdots\cdots)$

上の①より(　)内は0

$S = 1 - 0$　　　　$S = 1$

③　$S = 1 - (1 - 1 + 1 - 1 + 1 - 1 + \cdots\cdots)$

$S = 1 - S$

$2S = 1$　　$\therefore S = \frac{1}{2}$　　　　$S = \frac{1}{2}$

(2)の答

①　$S = 1 - 2(1 - 2 + 4 - 8 + 16 - \cdots\cdots)$

$S = 1 - 2S$

$3S = 1$　　$\therefore S = \frac{1}{3}$　　　　$S = \frac{1}{3}$

②　$S = 1 + (-2 + 4) + (-8 + 16) + \cdots\cdots$

$= 1 + 2 + 8 + 32 + \cdots\cdots$

$= +\infty$　　　　$S = +\infty$

③　$S = (1 - 2) + (4 - 8) + (16 - 32) + \cdots\cdots$

$= -1 - 4 - 16 - 64 - \cdots\cdots$

$= -\infty$　　　　$S = -\infty$

答がいくつもある？

(1)
$$\begin{cases} S=0 \\ S=1 \\ S=\frac{1}{2} \end{cases}$$

(2)
$$\begin{cases} S=\frac{1}{3} \\ S=\infty \\ S=-\infty \end{cases}$$

$\lim_{n\to\infty} r^n$の収束，発散

$r>1$のとき　$\lim_{n\to\infty} r^n=+\infty$

$r=1$のとき　$\lim_{n\to\infty} r^n=1$

$-1<r<1$のとき　$\lim_{n\to\infty} r^n=0$

$r\leqq-1$のとき　$\{r^n\}$は振動する。

前ページの不思議の問題では、方法によってそれぞれ三通りの答が出てくる。

これも神の誤りか？

後に、このような無限の計算では、有限の計算のルールをそのまま適用し、かっこを使ったり、答があるとしてSとしたりすることが、おかしな結果を生んだのである、としてこの不思議は解決した。

つまり、＋、－、＋、－と振動するものには「極限がない」というのが答、ということである。

上のr^nについて、rの値によって答がいろいろあるのも、〝神の誤り〟ということではない。

「人間の知恵の不足を何もかも神の誤りのせいにしている」と、『バベルの塔』（一四ページ）のように神の怒りにふれるかも知れない、と三須照利教授は不安に思ったのである。

無限等比級数の和

無限等比級数の和

$a+ar+ar^2+ar^3+\cdots\cdots+ar^{n-1}+\cdots\cdots$

を初項a，公比rの無限等比級数という。

いま，$a \neq 0$，$|r|<1$のとき，その和Sは

$$
\begin{array}{rl}
S = & a+ar+ar^2+ar^3+\cdots\cdots+ar^{n-1}+\cdots\cdots\cdots\cdots \\
-)\ rS = & \qquad ar+ar^2+ar^3+\cdots\cdots\cdots\cdots\cdots+ar^n+\cdots\cdots \\
\hline
\end{array}
$$

この部分は上下相殺される。

$(1-r)\ S=a$

$\therefore S=\dfrac{a}{1-r}$

（注）　①　$a=0$のとき，rに無関係に収束して和は0である。

②　98ページの(1)は，$a=1$，$r=-1$の場合で，公式に当てると　$S=\dfrac{1}{1-(-1)}=\dfrac{1}{2}$　となるが，これは誤り。〝振動〟といって「極限なし」である。

〝無限〟は人間にとって難解なもので二〇世紀に『集合論』がこれに手を入れたが、未解決の問題も多い。

上の無限等比級数の和の公式をつくるとき、引き算によって無限をとり去り、有限にしている知恵には脱帽してしまうであろう。

循環小数0.77777……は、0.7＋0.07＋0.007＋0.0007＋……と考えて上の公式によって計算すれば、分数にすることができる。答は$\frac{7}{9}$。

第4章 宗教と数学

三須照利教授の神主姿
「サマになっている！」の声あり

"太陽の神殿"（メキシコ）　アステカのテオティワカン遺跡

一、宗教行事と天文

天文・音楽・数学

〝数学者は紙と鉛筆だけあればよい。作曲家にいたっては音が鳴る空気さえあればよい〟。三須照利教授は、こんな言葉を創案した。この背景には次の話がある。

紀元前四世紀、数学者アナクサゴラスは獄中で円積問題（二二ページ）を研究した。

また、ロシア遠征したナポレオンの大軍は、モスクワで敗退し、そのシンガリ隊長をつとめた若い数学者ポンスレは負傷して捕虜となり、将校であったことから厳寒のサラトフ収容所に送られた。彼は寒くて退屈な日々を忘れるため、わずかな暖房用の消し炭を鉛筆代りとし、壁を紙として、以前勉強した『射影幾何学』の研究に没頭した。そして一年半、捕虜解放後帰国してこの学問を完成したのである。まさに、「数学は〝紙と鉛筆〟だけで研究できる学問」を実証したといえる。

ところが、三須照利教授は、ある日作曲家武満徹氏の次の文を目にしたのである。

「作曲家は紙も鉛筆もいらない。音が鳴る空気さえあればよい。」

と。これらの話から三須照利教授は冒頭の言葉を述べたが、以来音楽研究に興味をもち、〝音楽とコンピュータ〟についての吉松隆氏らの次の説に注目した。

○リズムは〝数〟であるから、リズムは数学的にみえるが、音楽とは心臓の鼓動に共振する気持ちよさなので、かなり生物的なものである。
○メロディーは、そもそもオスがメスを引き寄せるための歌が始まりなので、性欲も音楽の要素であろう。歌が声であり、呼吸であるから種族によって異なる。――一般に音楽は右脳で聞くが、日本伝統音楽は例外で日本人は左脳で聞く――
○ハーモニーは、文化的背景とか、経験に影響される。

以上から、コンピュータで音楽をつくるには、耳のほか心臓、肺や気管、性別・性欲さらに文化的背景をつけていなくてはならないので、無理であろう、という。

音楽の珍しい話をもう少し続けよう。

神山純一氏は、星座の図を五線にのせ、調号と音符の長さを決めて順番に演奏する方法を研究している。

星占いで有名な一二の星座から作り始めたといい、

「全部いいメロディーになる。何か人間の知恵を超えている感じ。きれいな主題になるので、前後のアレンジもしやすい。」

と述べている。

〝数学―音楽―天文〟の三題話はまだ続く。

〝自然という書物は、数学の言葉で書かれている〟(ガリレオ)

北斗七星の歌

これは三須照利教授の好きな言葉である。そしていつも七自由科のことを思い浮かべるのである。
古代ギリシアの初等教育では七自由科が重視された。これは、

三学
- 文法——正しい表現
- 論理——正確な筋道
- **修辞**——美しい言葉

四科
- 数論——数の性質
- **音楽**——動く数
- 幾何——図形の性質
- 天文——動く図形

で、中世約千年間の科学暗黒時代においてさえ、この七自由科は修道院、僧院学校などの教育で重視されたことをわれわれは知らなくてはならない。

ピタゴラスは音階を数の比で表わした（八一ページ）ことは、よく知られた話であるが、フランス一八世紀の数学者ダランベールは著書『弦の振動と音に関する研究』（一七四七年）では、ニュートンの手法——自然現象を数学の形に変え、この数学を解くことによって初めの自然現象問題を解明する——を適用して、弦の振動と音を偏微分方程式に転換して解決した。

星座—音楽、楽器—数学　そして　宗教—音楽と、これらがいろいろな形でからみ合っているのが大変興味深い。

ギターの弦と音階

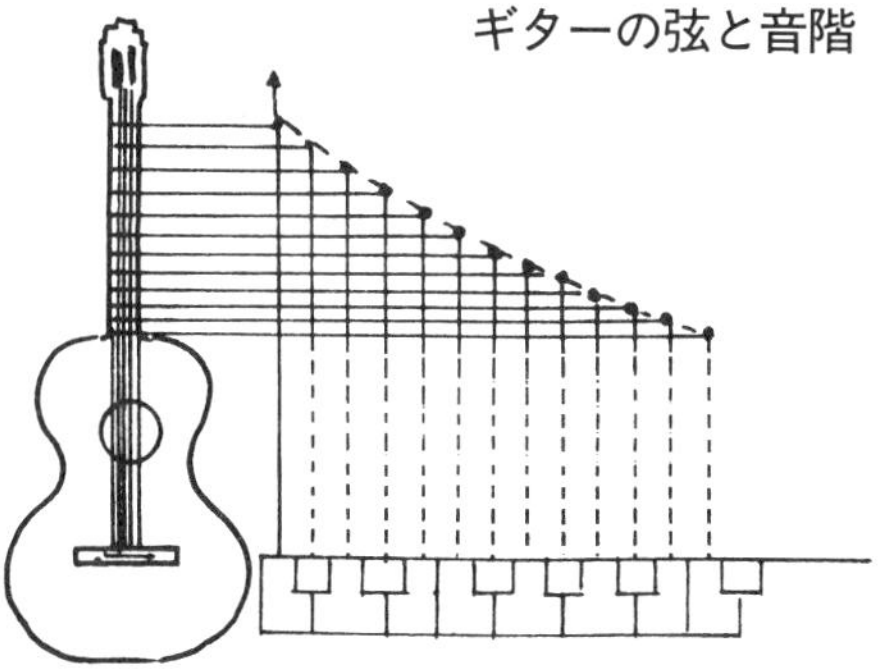

宗教に音楽は不可欠

三須照利教授は、円周率という人々が一番最初に接する〝超越数〟——一兆二四一一億桁（二〇〇二年）得られている——を順に五線譜にのせてこれをポップス調にした京都の数学の先生の話を耳にした。

生徒にこの曲を聞かせたところ、〝神秘的な曲〟という感想が多かったという。

京都市の中学数学教師長谷川幹氏が，円周率の数字を規則に従い音符に置き換え五線にのせ，ポップス調の曲を作った。

南十字星

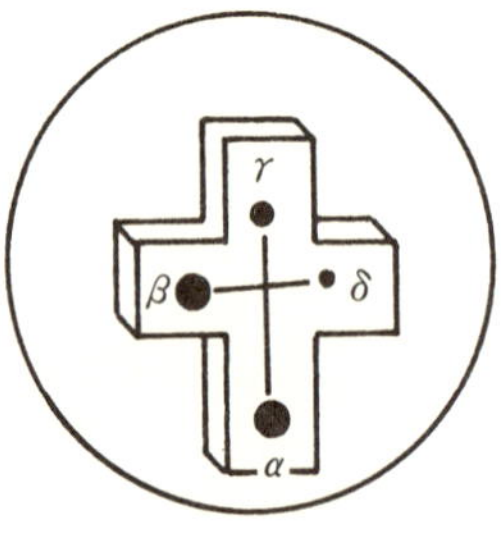

十字の形の4個の星で，小さいが明るい。南半球の国の中には，この南十字星のデザインをした国旗が多い。

日本から見ることのできない、有名な南十字星は、一五世紀頃の大航海時代、南半球に輝く、この星が船員たちにとって、マストの上に〝きらめく十字に神の加護を祈った〟ものということである。

この南十字星は、二千年後には地球が傾くので日本で見られるという。

長生きして見てはどうであろうか。

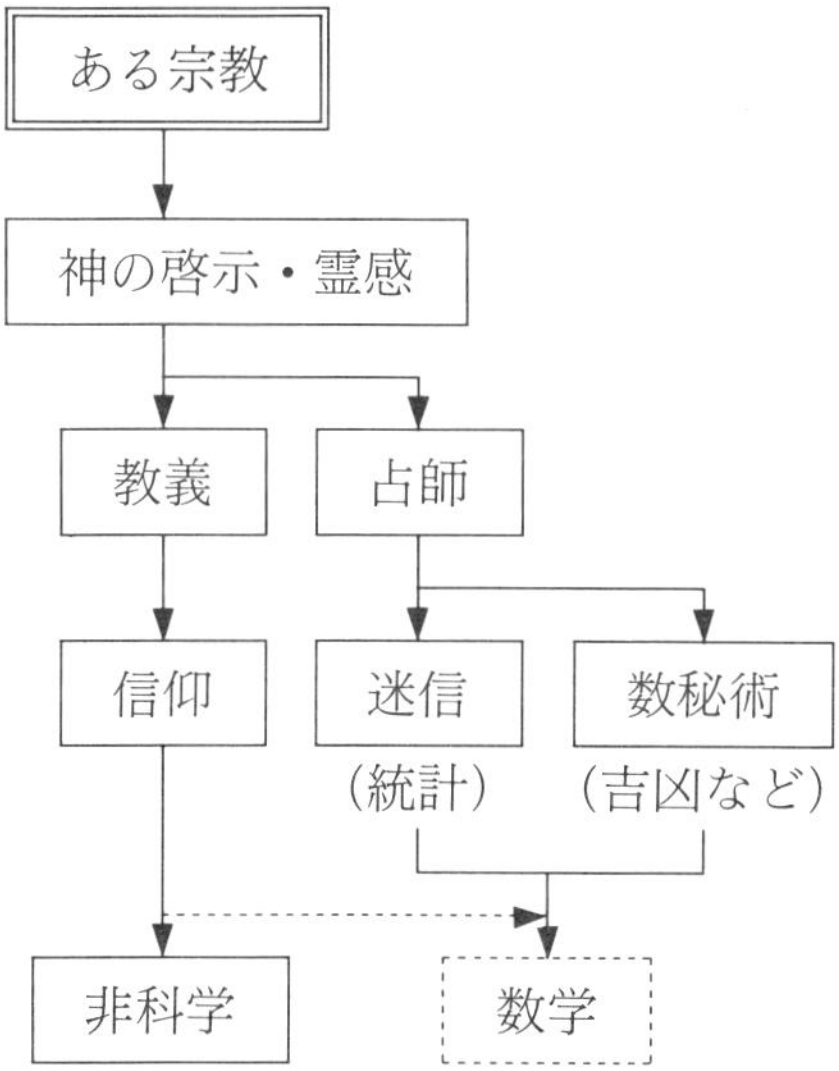

フランスのパルディの南天星図(17世紀)

南天の星座をもとにした絵姿の図で，右端の馬の後足に，南十字星が描かれている。

ドイツの神学・天文学・数学者ケプラーの宇宙(16世紀)

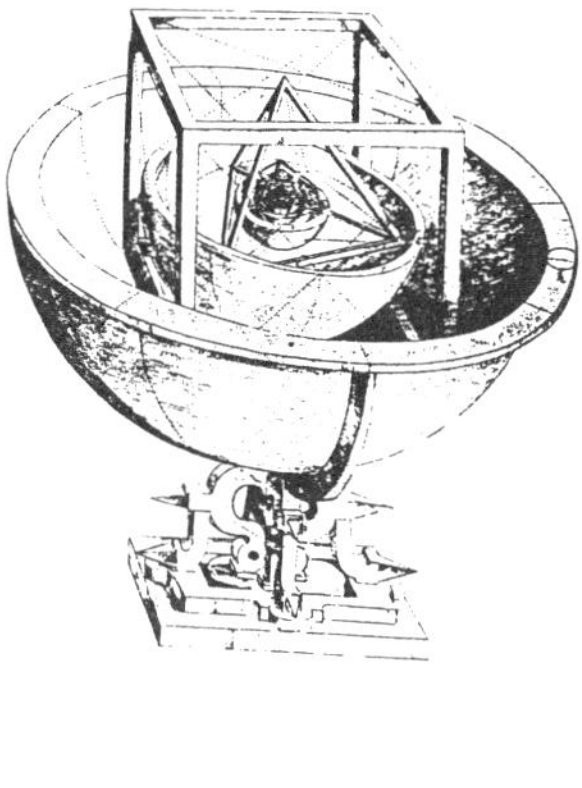

宗教行事と生贄《いけにえ》

宗教行事といえば、生贄がつきものと考えられるが、生贄の語源は〝生きのよいニエ（新饗）――食べもの――〟ということで、農耕民族が収穫を神に感謝し、とれたての穀物を奉納する祭事に始まる。やがて穀物以外の品や動物類を捧げるようになった。

さらに〝生きものの血は神の怒りを鎮める〟という信仰から、地震、雷や洪水、干ばつの天災に対して、人身《ひとみ》御供《ごくう》の風習をもつ民族も生まれてきた。

マヤやアステカ（現メキシコ）では、神への感謝や祈りの儀式で、太陽神のエネルギー用として生きた人間の心臓を奉納した。また、干ばつの〝雨乞い〟では「いけにえの泉」へ女や子どもを犠牲として投げ込んだという。恐ろしい宗教ではないか。（拙著『マヤ・アステカ・インカ文化数学ミステリー』参考）

生贄を投げた池

心臓をのせる台

二、宗教の中の数学

宗教家の数学

一般宗教の教団において、科学の代表である〝数学〟とのかかわりは直接ないように考えられがちであるが、前述の僧院学校や僧侶教育で〝四科〟が学ばれるほか、行事での暦作りや、内部の組織作り、また、建築、建造物の設計あるいは伝道の論理構成などで有用である。

宗教とマーク

仏教　卍

ユダヤ教 

キリスト教 

イスラム教 

(注)　卍は万を表わす梵字。吉祥の標相。
(注)　イスラム教のものはアラビア文字の「アラー」。某自動車会社がタイヤの溝をコンピュータで作ったものと同じだったため，問題になった。(143ページ参考)

宗教教団の構成

一、崇拝	神、仏、他
二、教義	仏書、聖典、教典、コーラン
三、中心地	聖地、本山
㊃、集会所	寺院、仏閣、教会、モスク
㊄、行事	祭事、祝事
㊅、組織	聖職者、僧、信者など
㊆、伝道	教育、説教、説伏など
八、慣習	各種様々
九、流派	主流派、分派
十、その他	

(○印は数学が必要)

正方形化

できるだけ切る回数を少なくして，正方形を作れ。

一筆描き

次の(1),(2)の図は一筆で描けるか。

(1)　ピタゴラス教団

(2)　ユダヤ教

拾いもの

碁盤の線にそい，もどらず，とばさずに，順にすべての石を拾え。

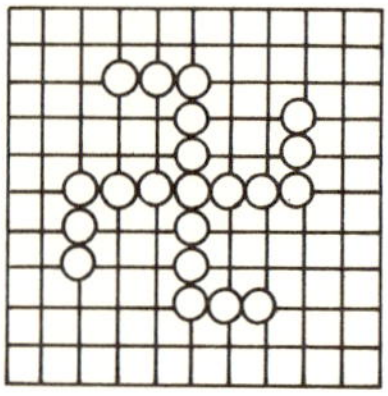

宗教教団では、それぞれ象徴とするマークをもっているが、これは図形的にみて対称形が多く興味深い。

この図形をパズル化したものが数々あり、そのいくつかを上に問題の形で示すので、挑戦してもらいたい。(答は巻末)

宗教関係の内容を数学上でとりあげたものがいろいろあるが、では、宗教家の中に数学者はいたのであろうか。

次にそれを調べてみよう。

十字架

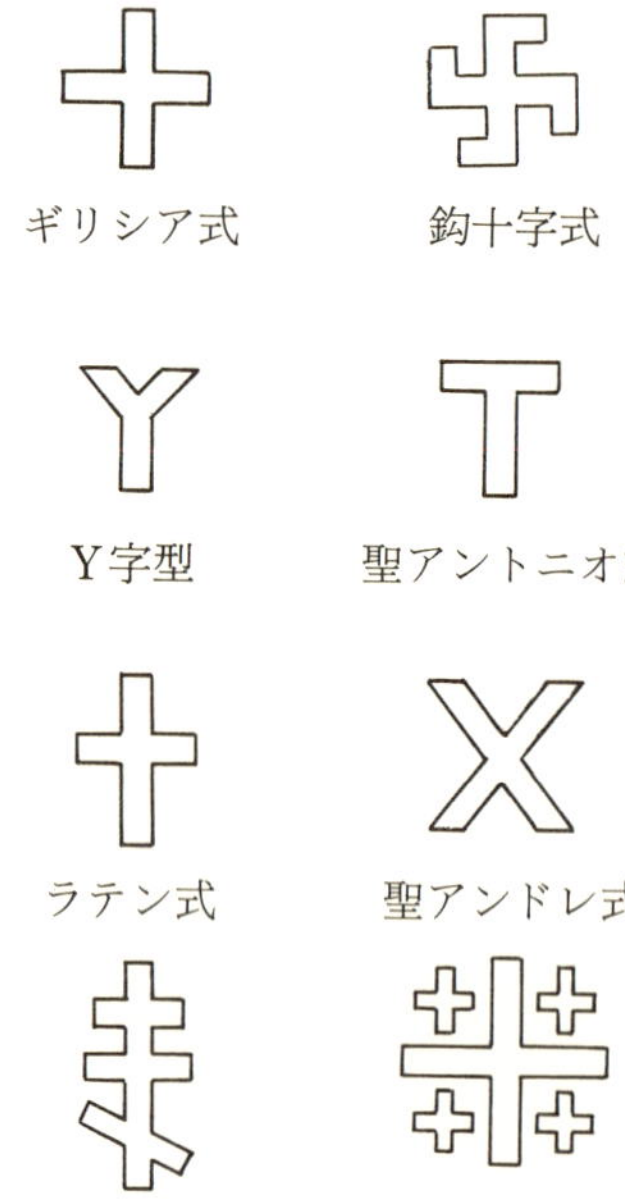

(注)・鈎十字は、逆卍（まんじ）で、サンスクリットから出た。
・聖アンドレ式の十字架が、乗法記号×になったという説がある。

数学者ピタゴラスは学派をつくったが、これは一種の宗教集団で、最後は対立集団に殺されている。古代エジプト、インド、アラビアなどではみな、〝神官〟が天文学者、数学者であり、宗教家と数学の関係は深く、後世でも有名な数学者の中で、宗教家は左のように多い。

宗教家の数学者

時代	氏　名	国	職　業
8世紀	アルクイン	英	修道士
10世紀	ジュルベール	仏	〃
13世紀	ネモラリウス	独	〃
14世紀	ブラッドワーデン	英	神学教授
16世紀	クラヴィウス	伊	修道士
〃	コペルニクス	伊	神学
〃	シュティフェル	独	修道士
〃	ネピア	英	修道士,神学書を書く
17世紀	カバクエリ	伊	修道士
〃	メルセンヌ	仏	〃
〃	パスカル	仏	宗教家
〃	ガンター	英	聖職者
〃	オートレッド	英	〃
〃	ウオリス	英	神学，聖職者
〃	バロウ	英	〃
〃	ケプラー	独	神学
18世紀	ベイズ	英	聖職家
〃	サッケリー	伊	修道士
〃	ボルツァーノ	オ	神学者

(注)　オはオーストリア

牧師の子の著名数学者

時代	氏　名	国
18世紀	ニュートン	英
〃	オイラー	ス
19世紀	アーベル	ノ
〃	リーマン	独
〃	リー（P. 173）	ノ

㈲　ノはノルウェー，スはスイス

また、本人は宗教家ではないが、父が牧師という宗教環境で育った数学者も上表のように数々いる。

数学者の中には、古来から天文学者、あるいは哲学者が兼ねたり、近年では物理学者が兼ねることは多く、これらが数学に共通部分があることから、〝当然のこと〟とうなずける。

しかし、「ナゼ宗教家か？」ということである。

三須照利教授は、次のような推測をした。

古来から、ほとんどの民族において、神官（後の牧師や僧侶も含む）には優れた頭脳の持主がなっていた。同時に社会的地位が高く、経済的にも豊かであり、祭事に関係して暦作りから天文学を学ぶことが多かった。後世、直接、天文学にたずさわらなくても、優れた頭脳が数学をマスターさせたのであろう、と。

あるいは、われわれ無宗教、無信心の多い日本人には理解できない社会であることから、別の理由があるのかも知れない。

神学と数学の関係は、今後の課題として残しておきたい。

宗教家と数学

三、宗教戦争の落し子

戦争で生まれた数学

太古から、戦争、闘争に数学の手法、技術が不可欠であり、その相互作用として、戦争のたびに、〝新しい数学〟が誕生し続けた歴史がある。

「宗教戦争」も、戦争の一つであるから、その例外ではなかった。（左表）

この研究を続けてきた無宗教の三須照利教授は、なかなか理解できない一点があった。

戦争目的のタイプ

(1)権力闘争
・血縁間戦争
・下剋上戦争
・怨念戦争
など

(2)対立問題
・民族戦争
・思想戦争
・**宗教戦争**
など

(3)欲望追求
・侵略戦争
・経済戦争
・主義戦争
など

戦争にかかわる数学

○戦争準備
弁論、説得、詭弁、流言ひ語
○戦争遂行
作戦、戦略、暗号、戦力把握
○直接行動
武器製造、城塞建築、戦術
その他、学問『数学』の交流、伝播、継承など

モスク破壊で波紋
個人の結婚に「宗教」が介入
エジプトで イスラム原理主義勢力
インドで宗教暴動
全国で死者180人余
入植者武装解除含め5点
PLO側が要求
バチカンとイスラエル
一見アラブ女性…
実はイスラエル兵
ヒンズー教徒がモスク壊す
創価学会と立正佼成会
融和探り幹部が対話
対イスラエル交渉
アラブ3国が
打ち切り通告
イスラム過激派と
話し合いが不可欠
イスラエル
PLO
「撤兵」合意できず
実務者協議を打ち切る
イスラエル
譲らぬ構え
アルジェリア
「新体制」移行
ユダヤ教徒を銃撃
「カトリック」の祈りに
ユダヤ人反発
インド仏教徒が聖地奪還デモ
夫の立場考えキリスト教から改宗

古今東西、世界中に多数の宗教があるが、その共通点は、

○人類、民族の平和

○個人の幸福

である。

にもかかわらず、前ページにあげた数ある戦争タイプの中で宗教戦争ほど、激しく長く〝憎悪、残虐〟な戦争はない。

現代でも、日々の新聞の見出し（上掲）に見るように、世界の各地域で絶えることなくおこなわれている。

この矛盾は何なのであろうか？

「宗教は政治である」「魂の救済は一面」

有名な宗教家から、この言葉を聞いたとき、彼は大きく納得したのである。

そうした一九九三年一二月三〇日午後、二千年の宗教対立で有名な、イスラエル政府（ユダヤ教）とカトリック教会（キリスト教）中枢バチカンとが合意書に調印した、という朗報が世界中に伝えられた。

世界の宗教人口（億人）

宗教	人口	内訳	人口
キリスト教	13.6	ローマ・カトリック	8
		プロテスタント	4
		ギリシア正教	1.6
イスラム教	9	スンニ派	8
		シーア派	1
ヒンズー教	7		
仏教	3.3		
儒教・道教他	2		

(注) ユダヤ教0.2、その他創唱宗教2

イスラエル・バチカン国交

2000年の宗教対立超えて

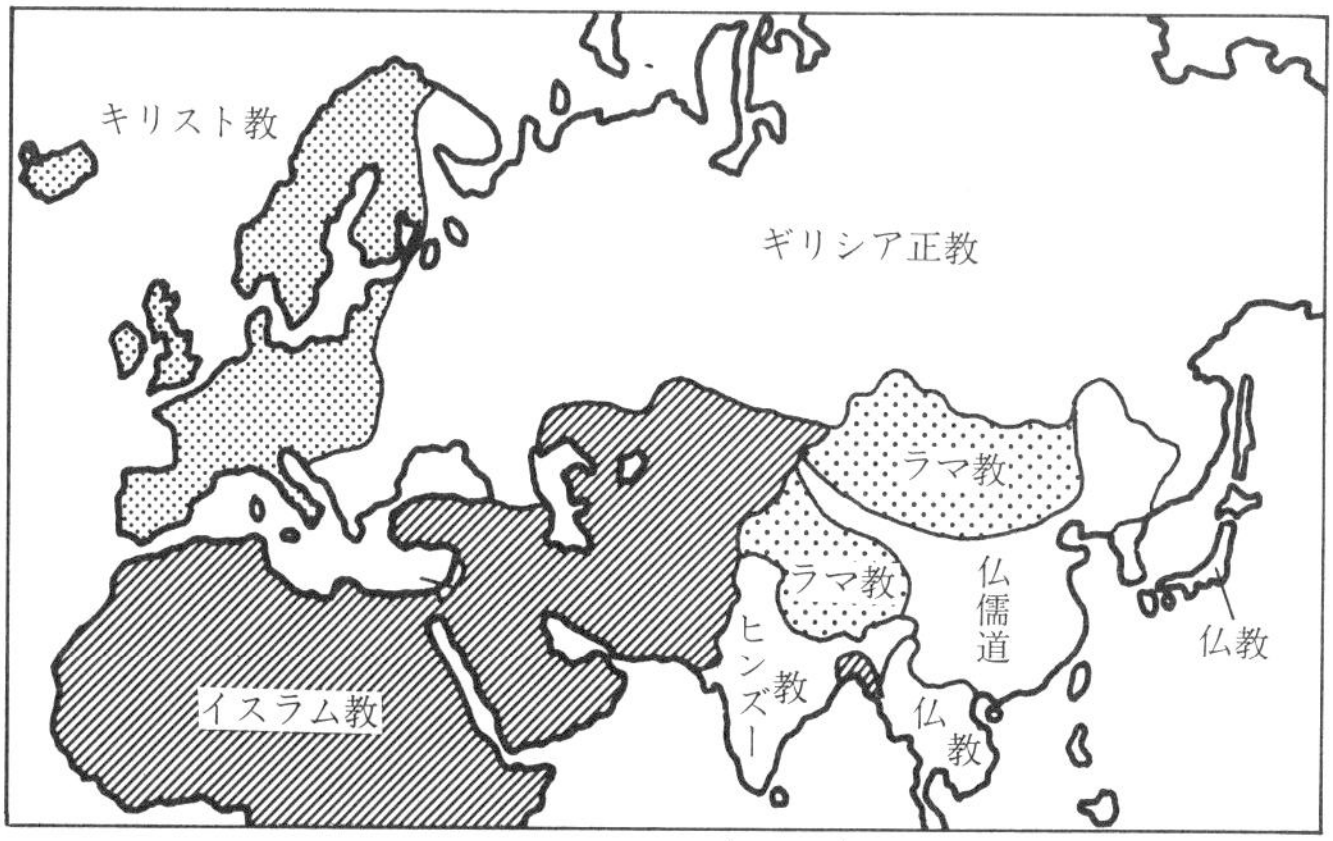

宗教地図（現代）

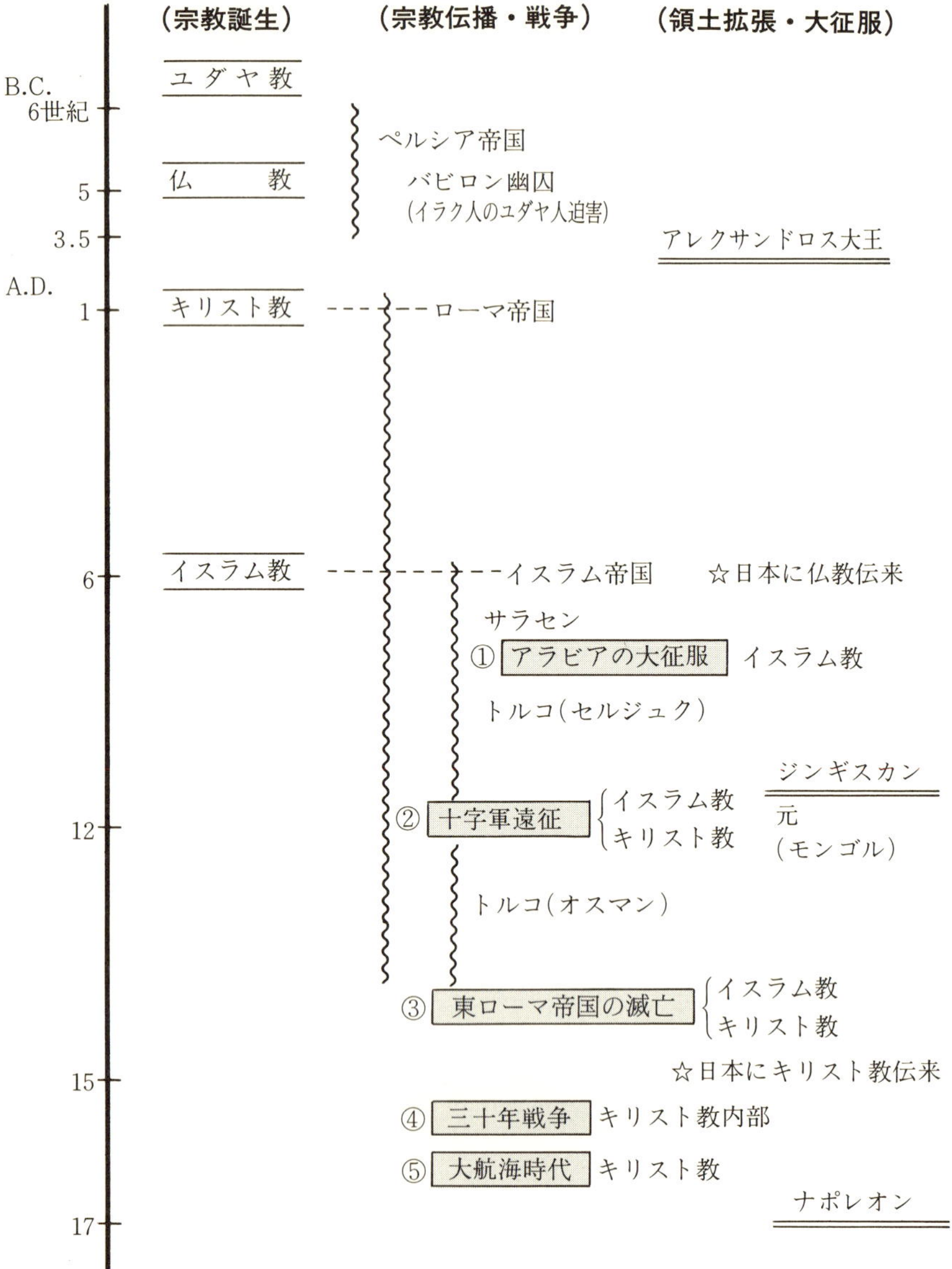
（宗教誕生）
（宗教伝播・戦争）
（領土拡張・大征服）
B.C.
6世紀
5
3.5
A.D.
1
6
12
15
17
ユ ダ ヤ 教
仏　　教
キリスト教
イスラム教
ペルシア帝国
バビロン幽囚
（イラク人のユダヤ人迫害）
アレクサンドロス大王
ローマ帝国
イスラム帝国
☆日本に仏教伝来
サラセン
① アラビアの大征服
イスラム教
トルコ（セルジュク）
ジンギスカン
② 十字軍遠征
イスラム教
キリスト教
元
（モンゴル）
トルコ（オスマン）
③ 東ローマ帝国の滅亡
イスラム教
キリスト教
☆日本にキリスト教伝来
④ 三十年戦争
キリスト教内部
⑤ 大航海時代
キリスト教
ナポレオン

（注）　表の①〜⑤については後述する。

宗教戦争と数学

名　称	時　代	宗　教	（動機） 誕生数学
モーゼの十戒	BC 13世紀	ユダヤ教 定　礎	（奇跡） 確率
バビロン幽囚	BC 6世紀 （586年）	ユダヤ教 迫　害	（天文学） 計算
キリスト十字架	AD 1世紀	ユダヤ教 キリスト教 } 対立	115ページ参考
アラビアの 領土拡張	7～ 13世紀	イスラム教 布　教	（文芸奨励） 代数，幾何の 保存，伝承
ヨーロッパ 十字軍	11～ 13世紀	イスラム教 キリスト教 } 対立	（港湾都市繁栄） 計算法
コンスタンチノープル陥落	15世紀 （1452年）	イスラム教による キリスト教攻撃	（大砲） 微分，三角法， 投影図
三十年戦争	16世紀	キリスト教 内部対立	（国土荒廃） 統計
大航海時代 （ヨーロッパ 先進各国）	15～ 17世紀	キリスト教 布　教	（天文学） 計算記号， 小数，対数 （地図） 射影幾何
現　　代	20世紀	ユダヤ教 イスラム教 キリスト教 } 対立	（作戦，戦略） オペレイションズ・ リサーチ

（拙著『第二次世界大戦で数学しよう』参考）

三須照利教授は、前ページの二つの「表」を作製しながら、数ある宗教戦争のうち、数学にかかわる一一六ページの①〜⑤のそれぞれについて、考えてみることにし、次のようにまとめた。

① アラビアの大征服

イスラムの教義によると、

唯一絶対の神
全知全能の神 } アラー ➡ 預言者 { モーゼ　（ユダヤ教）
キリスト　（キリスト教）
マホメット　（イスラム教）

とし、マホメットは最後でもっともすぐれた預言者といわれた。

アラビア半島のメッカで生まれ、四〇歳の頃アラーの啓示を受けてイスラム教を広めたが商人貴族の迫害を受けたためメジナに移住した。

この教えは、

○信徒の義務を守れば死後必ず救われる。

○伝統的な偶像の崇拝を厳しく禁ずる。

○種族、貧富また僧侶にも一切特権階級を認めぬ。

（アラーの前に、人間はすべて平等。）

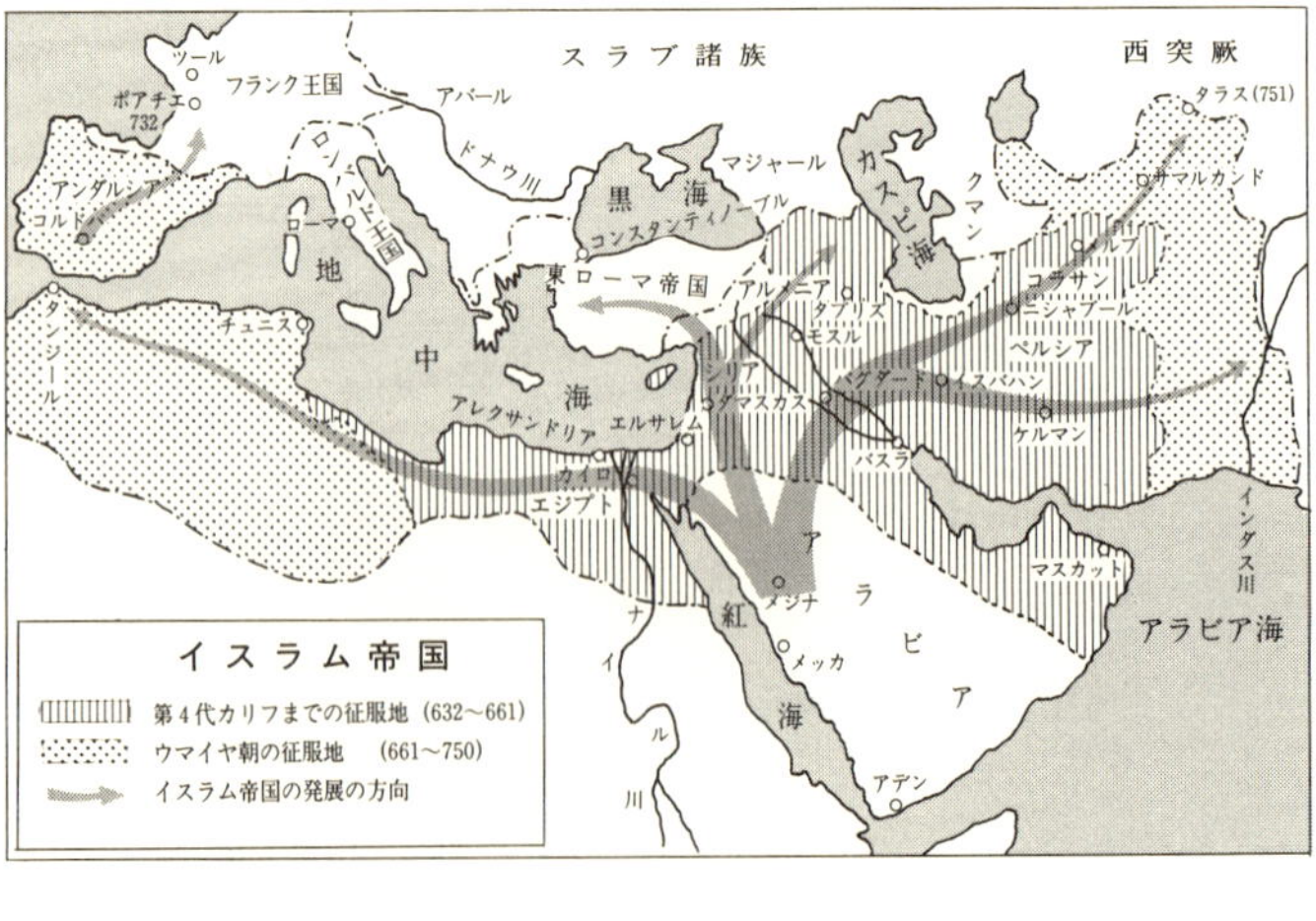

アラビアの大征服地図

というものであり、彼の政治的、軍事的指導力が加わってやがて大きな勢力をもち、六三二年にはアラビア半島の統一をなしとげた。

（注）イスラムとはアラビア語で「神へ身をゆだねる」の意。中国では回教、清真教とよぶ。

マホメットの死後、後継者はカリフ（教主）とよばれ、政治・宗教の指導権を握った。

アラビア人は、宗教の布教、領土の拡大の目的で西へ、東へと進出し、征服地では有名な言葉〝コーランか、貢納か、剣か〟（貢納すると信仰の自由は認められたという）で、ついには、西はスペインのピレネー山脈、東はインドのインダス河まで、という広大な土地を傘下におさめ、東西両世界を結ぶイスラム（サラセン）大帝国を築いた。

この帝国は後に東・西カリフ国に分かれるが、七〜一三世紀まで東西文化交流や貿易で大いに繁栄した。その原動力は、歴代カリフ（国王を兼ねる）が、文芸や学問奨励に力を入れたことにあり、『数学』界にも大きな貢献があった。

アラビア人の功績とは、

○**インドの代数**を継承し、方程式などの面で発展させた。

○**ギリシアの幾何**（六百余年間ユークリッド幾何学が人類から見捨てられていた）を復活・保存させた。

やがて、この両者をヨーロッパに伝え、今日の数学を築くもとをつくった、のである。

こうした歴史を知った三須照利教授は、次の二点に大きな疑問を抱いた。

(一) ナゼ、遊牧民である彼等が、学問に興味をもったのか。(過去の歴史では、定住する農耕民が学問を創案している)

(二) ナゼ、代数と幾何という対立的な学問、デジタルとアナログという異質のものを、同時に吸収したのか。(過去、他の民族ではこうしたことはほとんどない)

調査を進めていくうち、この問題の解決の鍵が得られてきた。

イスラム帝国建設の初期は、西へ東へ馬を走らせ、戦闘の日々にあけ暮れしたが、広大な領土を手中に収め、やがて王侯・貴族社会ができて定住し、政治をおこなうようになった。

すると、それまでとはまったく異なる生活から、経験のない種々の病気におかされ、それの治療に、西では伝統文化をもつギリシア人、ローマ人の医者、東ではインド人の医者にみてもらうようになる。やがて都会の定住生活に慣れ、この種の病気にかからなくなると、暇になった、ギリシア、ローマ、インドの医者たちから、若者が教育を受けるようになる。

幸い、この民族は異文化を同化吸収する能力をもっていた(日本人も同様)ことと、歴代カリフが学問を奨励したことで、人類の学問について保存、継承、発展という偉業がなしとげられたのである。

方程式解法の研究を大いに発展させ、代数やアルゴリズムの語を誕生させている。

また、広大な領土を旅する関係か三角法の発展もめざましく、正弦、正接などが用いられている。

これらにまさる業績が、『ユークリッド幾何学』の復活で、「もしアラビア人がいなければ……」四世紀のギリシア数学滅亡と共に、永遠に人類文化から消え去ったままであったかも知れない。

代数と比較して、幾何の独創性はほとんどなかったが、復活の業績で十分であろう。

アラビアの代表的数学者

アル・ファーリズミー（780～846？）
al-Khwārizmi
⇨これからアルゴリズム

著書
“al-gabr　w’al　muqābala”
⇩　これから
algebra（代数の語）

② **十字軍遠征**

十字軍遠征は、大きな宗教戦争の最初のものといえよう。

キリスト教徒の巡礼の地エルサレムを、イスラム教徒のセルジュク・トルコが占領したことに端を発し、第一回（一〇九六年）から第八回（一二七〇年）まで約二百年の戦争であった。

この間、フランス、イギリス、ドイツなどの王侯、牧師、騎士軍将兵、信者の商人、農民など数百万人が聖地回復の戦いに参加したという。

三須照利教授が興味をもったのは、第三、四回の海路による攻撃であった。

第一回成功、「エルサレム王国」建設、九〇年後奪回される。第二回も、はるばる陸路によったため、経費、時間がかかる上、途中で事故、病気、逃亡などが多く不成功のため、第三回からは、イタリアの港湾都市ベネチア、ジェノバ、ピサから、艦船によってエルサレムへ向かうことになった。

一回に数十万人という大規模の運送では、人間のほかに、武器、馬車、食糧などもあり、これらの運送費で三つの海運都市には膨大なお金が落ちた。

さらに、アッコンへ運んだあとの空船には、東洋の物産である香料、絹織物、陶磁器、象牙、貴金属などを満載し、イタリアやヨーロッパ諸国に売って大きな利益を得たのである。

当然、これらの都市では〝商業算術〟が発達し、計算術が要求された。（銀行、証券会社が誕生する）

このときピサの商人レオナルドは『Liber Abaci』（計算書）（一二二八年）を著作した。これはインド式の筆算法の計算書で、当時アバクスとよばれるソロバン計算より優れた方法であったので、商人の要求にあい、ベストセラーとなった。

フィボナッチの銅像（ピサ）

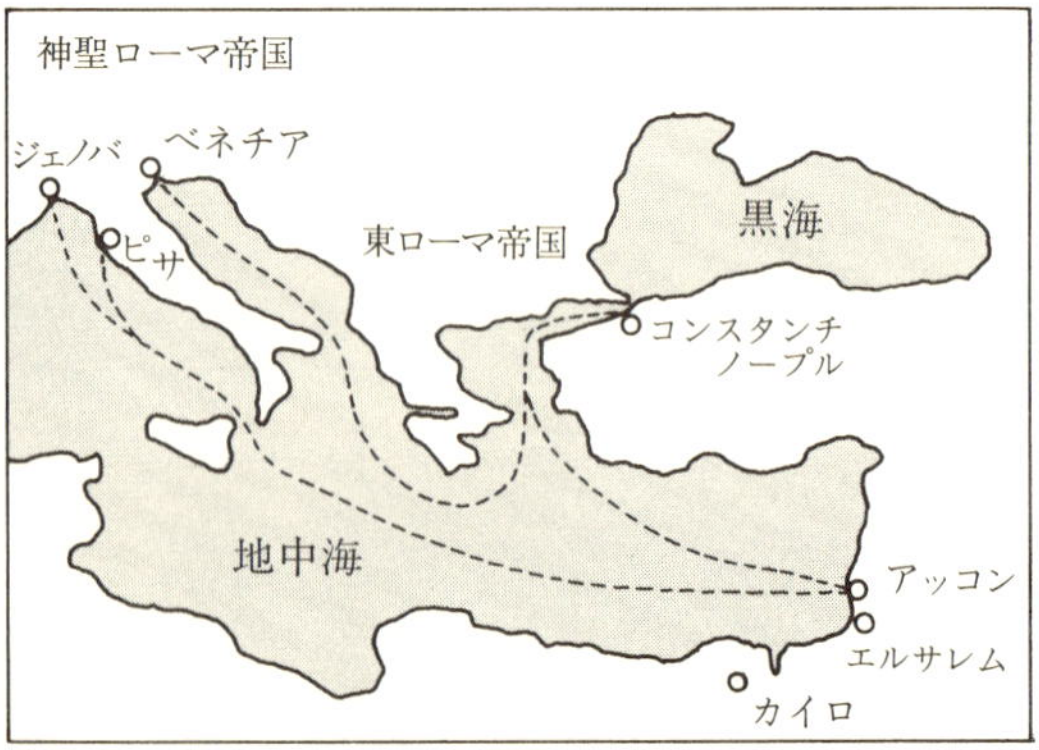

十字軍の海路（12，3世紀）

その後五百年間も、この書が商人を中心として人々に読まれたロングセラー書でもあったが、これに対し古典的な「算盤派《ソロバン》」も根強く、彼の「筆算派」と長く対立した。十字軍遠征つまり、キリスト教とイスラム教の争いが、現代筆算法を誕生させ、発展させた、という思わぬ副産物を得たといえよう。(その他、イスラム圏から多くの文明品を輸入した。)

③ 東ローマ帝国の滅亡

首都をコンスタンチノープルにおく東ローマ帝国(ギリシア名、ビザンティン帝国)は、一四五三年オスマン・トルコの攻撃を受けて滅亡した。

コンスタンチノープル(現イスタンブール)は、東西交通の要地で、文化、物資の交流地として繁栄し、山を背に、前面は海、しかも三層の城壁をもつ難攻不落の要塞都市でもあった(前ページ地図)。この要塞が、なぜ陥落したのであろうか?

オスマン・トルコによる青銅製大砲が城壁をくずしたのが勝因の一つといわれている。

以後の戦争は、〝大砲〟の戦争となり、しかもこれが有効な武器になるため二つの数学が必要とされてきた。

○効率をあげるための弾道研究――後に接線問題から『微分学』が誕生
○正確であるための敵陣までの距離測定――『三角法』の発展

などが、これらにこたえるものであった。さらに、

○大砲の被害を最小にする要塞構築――『投影図法』の創設

数学好きのナポレオンは、数々の戦争で大砲をもっとも有効に利用した軍略家ということができよう。

④　三十年戦争

ドイツ内のプロテスタントとカトリックとの宗教戦争に、周辺諸国の侵略戦争が加わり、一六一八年から一六四八年までの三〇年間の歴史上〝最大にして最後の宗教戦争〟といわれたものである。

主戦場になったドイツは、

○フランス、スウェーデン、ブランデンブルク（プロシア）に領土をとられ、スイス、オランダが正式に独立した。

○国土が荒廃し、人口は1/2、動産は2/3以上失われた。

など、大きな被害を受けたのである。

戦争終結の一二年後の一六六〇年、経済学者ヘルマン・コンリング教授が、人民、土地、財政など、国家の情勢つまり『国勢学』についての講義をおこなった。

（注）イギリスでは、ほぼ同じ時期の一六六二年疫病の死亡表からジョン・クラントが『統計学』を創設した。

大砲から生まれた数学

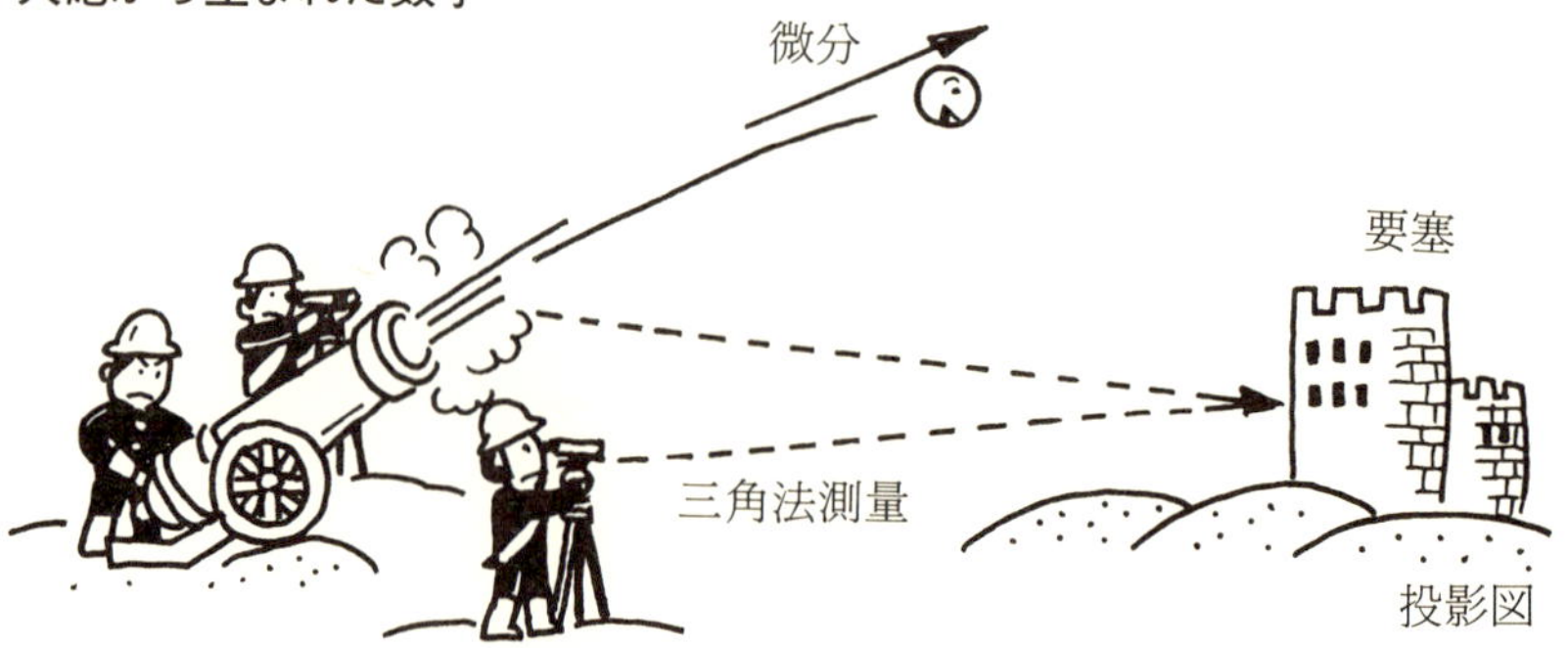

ドイツの統計学は国勢派であり、イギリスの統計学は社会派であるが、『統計学』は英語でStatisticsという。その語源はstate（国家）からきている。

余談であるが、この三十年戦争にフランスの数学者、哲学者であるデカルトが、一将校として参戦している。彼はある日ドナウ河の河畔で露営中、ウタタネの中で『座標幾何学』のアイディアを得たという。興味深い話である。

三十年戦争の経過

〔第1期〕 旧教からの圧力に対するボヘミアの反乱。皇帝派にスペインの援助が加わって反乱を鎮圧した。

〔第2期〕 新教の国のイギリス，オランダはデンマークに軍事費を援助してドイツへ侵入させた。

〔第3期〕 スウェーデンは新教徒保護を口実にしてドイツに上陸し連合軍になって皇帝派を破る。

〔第4期〕 フランスはドイツ分裂の政策からドイツ，さらにスペインにも侵略した。

〔第5期〕 各国が武力干渉し，ともに疲れたため，1648年ウェストファリア条約を結び，戦争終結する。

新・旧キリスト教の争い

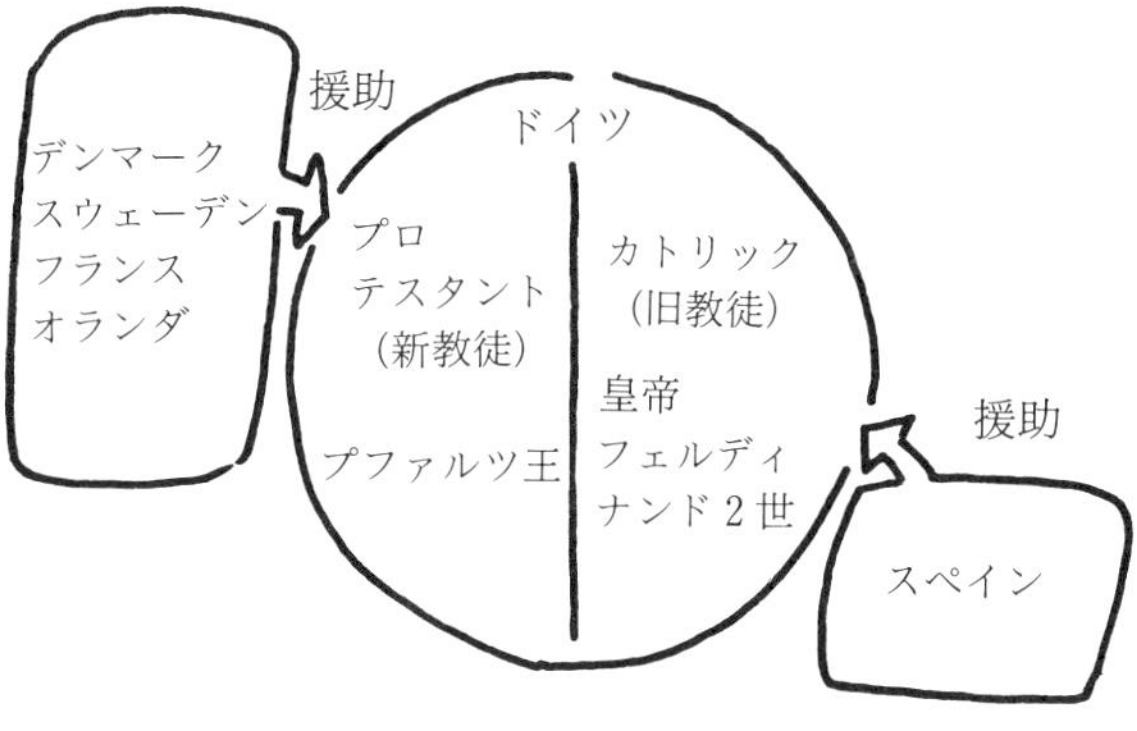

⑤ 大航海時代

一四五二年、東ローマ帝国の首都コンスタンチノープルが、オスマン・トルコの青銅製大砲によって陥落し、キリスト教徒のギリシア人、ローマ人たちは現在のイタリア半島へと逃げのびた。

この頃のイタリア半島の諸都市は、古代ギリシアと同じ〝都市国家〟で、ベネチア、ジェノバ、ピサ、あるいはフィレンツェなどの自由独立都市（ときに相互に交流し、戦争もした）であった。

ここにギリシア人が流入したこともあって、一五世紀後半から一挙に活気を呈した。

それが二つの自由、つまり、

㈠ 神の束縛からの精神的自由――やがて宗教改革、文芸復興

㈡ 領主や地主からの身体的自由――国内・外への行動によって芸術活動や海外進出が活発になった。

イタリアの海運諸都市は通商を海外に求め、地中海の東方がオスマン・トルコに制圧されているため、西方から大西洋、インド洋そして太平洋の外洋へと船出したのである。

その代表がコロンブスである。

ヨーロッパのキリスト教諸国は、一五～一七世紀の間次々と貿易、植民地探し、布教などの目的で、大活躍を始めた。

精神的自由と身体的自由

大航海時代の活躍諸国

第１期	イタリア
第２期	スペイン ポルトガル
第３期	イギリス オランダ
第４期	フランス ドイツ

㈲　国内の安定順

『計算師』の業績

- 数学上の貢献
  - 計算記号の発明
  - 小数、対数の創案
  - 速算術の考案
- 社会的活躍
  - 計算学校の創設
  - 計算書の発行
  - 計算業務の請負

これらを要約すると右の表のようで、未知の航海では多くの障害があり、それを予防するために天文測量が不可欠、そしてこれにともなう膨大な複雑計算、いわゆる天文学的計算の処理に『計算師』という特別の職業が誕生し、現代のコンピュータ技師の役割を果たしたのである。

今日の計算式、記号＋、－、×、÷などの創案は、遠因にイスラム教とキリスト教の対立があったことを考えると、数学史も大変興味深い、と三須照利教授は学生達に話をするのである。

⑥　現代の宗教戦争

第二次世界大戦で『オペレイションズ・リサーチ』という強力な数学が創案されたが、これらが、現代社会での宗教戦争（一一四ページ）では、コンピュータを駆使して使用されている。

日本人と宗教

〃十二月二四日夜は「ジングル・ベル」（キリスト教）を、三一日は「除夜の鐘」（仏教）、そして翌日の一月一日朝は「初もうで」（神道）。また、お宮参り（神道）、結婚（キリスト教）、葬式（仏教）の一生。

これが日本人の不思議な宗教観!!〃

というのが外国人の感想であるという。日本は、世界中で無信心者が多い国であるのに、左上のように宗教信徒数が多く、人口の二倍以上であるという。そして古くから『神仏習合』で、神教、仏教の対立がほとんどない。歴史上では、

○廃仏毀釈（五八五年と一八六八年）

○キリスト教禁止令（一六一三年）

の三回が宗教弾圧の記録であるが、忠魂碑・慰霊祭、また地蔵さんに対する最高裁判決は「宗教的性格の否定」で棄却、という国である。

日本の宗教信徒数

神道系	1億900万人
仏教系	9,626万人
キリスト教系	146万人
その他	1,051万人

神仏習合

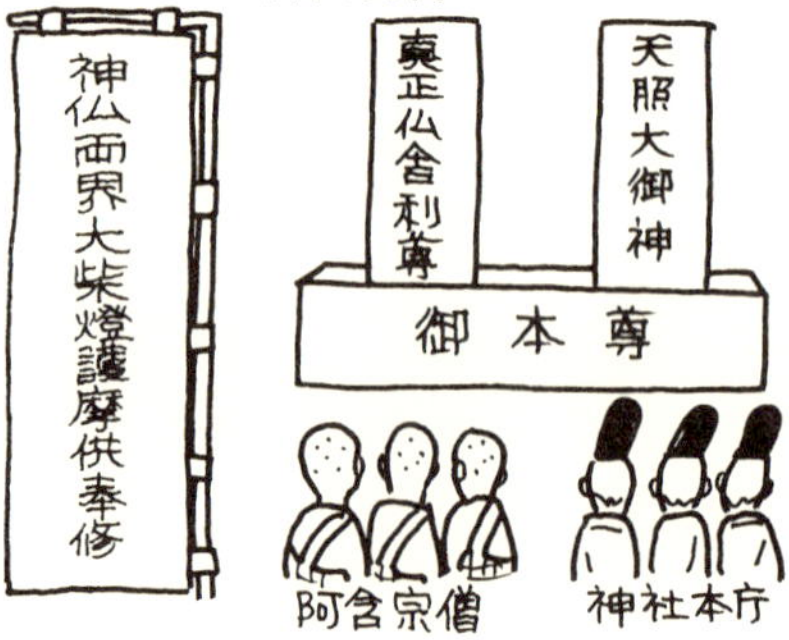

四、宗教の建造物

作図法の貢献

十余年間、数学誕生地探訪旅行を続けてきた三須照利教授は、古今東西、素朴な宗教から大宗教にいたるまで、すべて礼拝所、集会所が、種々の形で必ず存在していることをその目で確かめることができた。太古では、その建造物が同時に天文台を兼ねていた、といわれるところもしばしばあった。これは政治担当者が神官と共に天文学者を兼ね、年間の祭事の計画を立てたことによると考えられるからである。よく疑問視される「神殿か天文台か？」は、〝か？〟ではなく両方の役割をもっていたのだろう、と三須照利教授は考えている。ストーン・ヘンジ、ピラミッドなどその例といえよう。

宗教関係の建造物は壮大なものが多い。この技術には優れた数学能力が必要とされている。

宗教の礼拝所

ユダヤ教	会堂（シナゴーグ）
キリスト教	聖堂、教会（チャーチ）
イスラム教	聖堂、会堂（モスク）
仏教	寺院
神教	神社

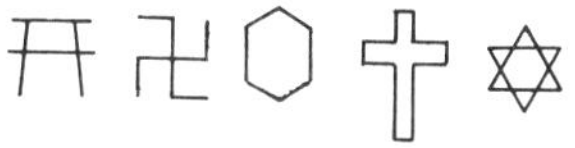

（注）四八ページの写真参考。

物のいろいろ

ストーン・ヘンジ（イギリス）

魔法のピラミッド（マヤ）

クフ王のピラミッド（エジプト）

ミナレット（イラク）

聖クタート教会（ドイツ）

タージ・マハール(インド)

ブルーモスク(トルコ)

ピサ大聖堂(イタリア)

平安神宮(日本)
(提供:平安神宮)

二条城(日本)

宗教的建造物の基本図形

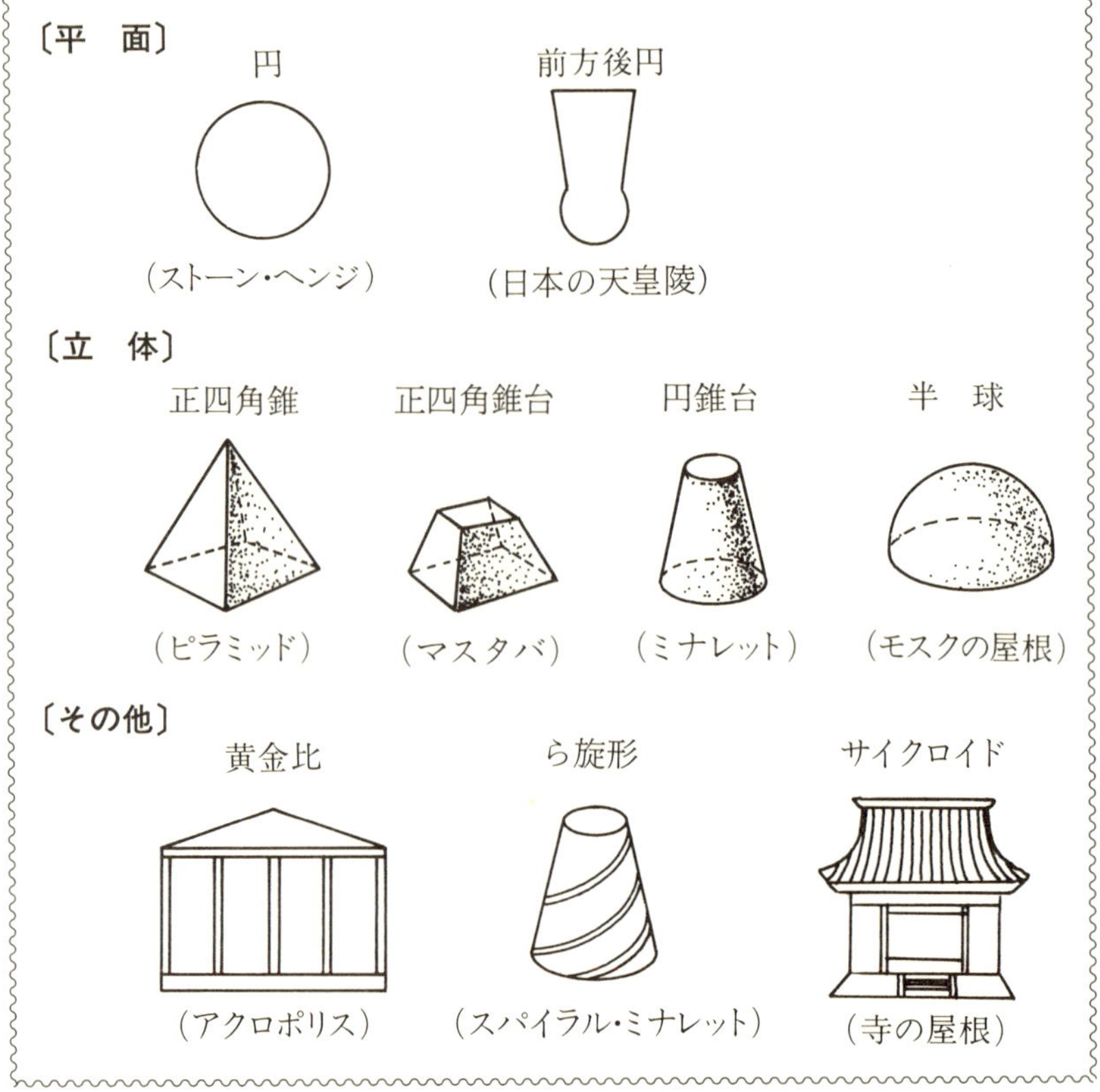

前ページの建造物を〝図形的な視点〟で見ると、単純なものが多いが、いずれも巨大なもので造るとなると、設計図から始まり材料の運搬や設計通りの施工まで何万人の人、何十年の歳月を必要とした大工事であった。

その間、数学が、数量、作図、測量などの面で、高度なレベルのものが要求され、この建造物から逆に当時の数学力が知られる。

一例をキリスト教の教会にとると、その基礎は

宗教と建造物

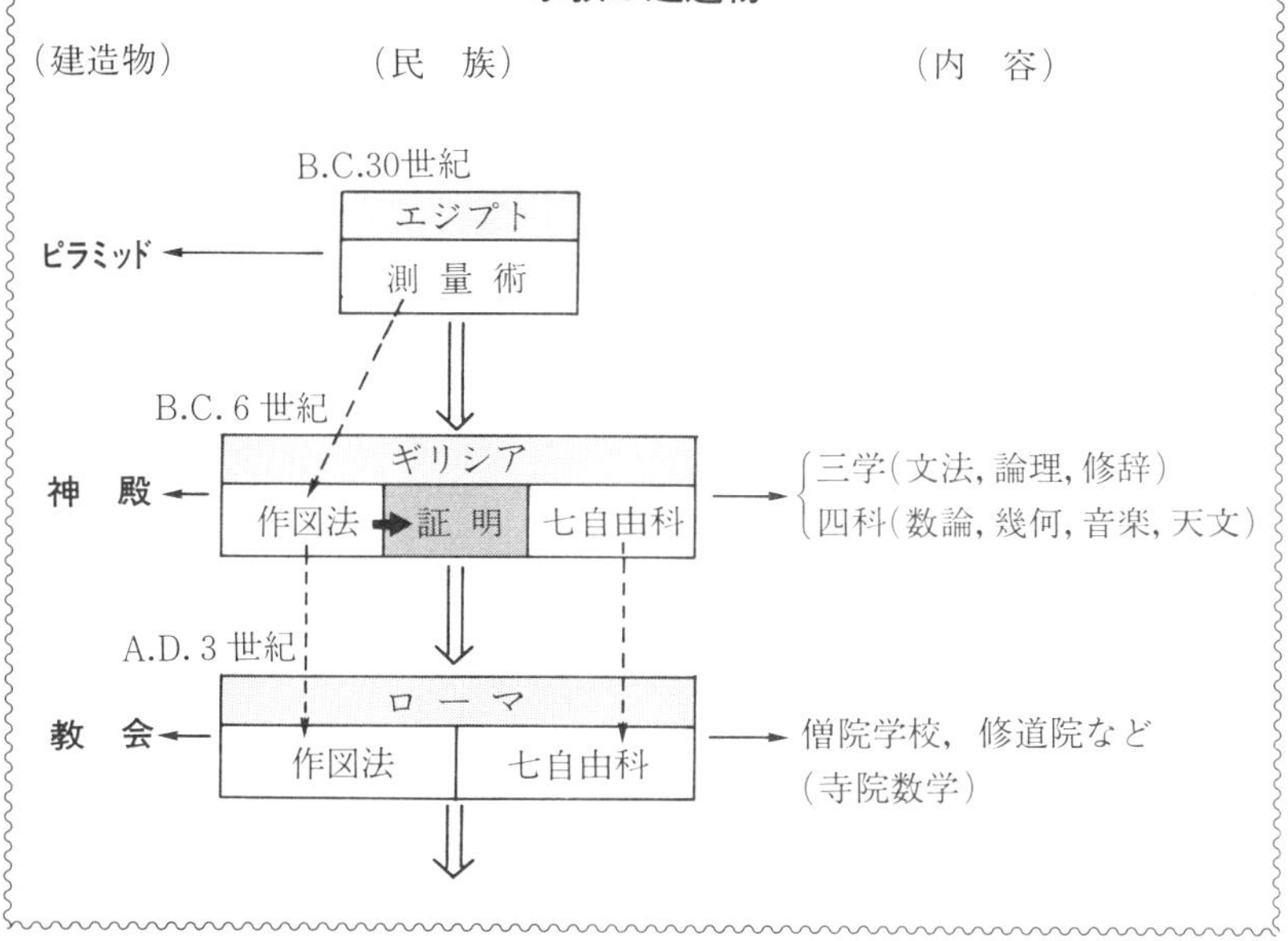

上図のような、遠いエジプトの「測量術」の伝統に由来しているといえる。

余談であるが、古代ローマは古代ギリシアの大部分の文化を伝承したが、図形における論証の学『幾何学』だけは有用性がないものとして受けず、このためアラビア人（一一九ページ）がこの幾何学を復活するまで、継承民族がなくこの世から姿を消してしまうのである。

ミラノの大聖堂（イタリア）

中世“教会”の建築（平面図）

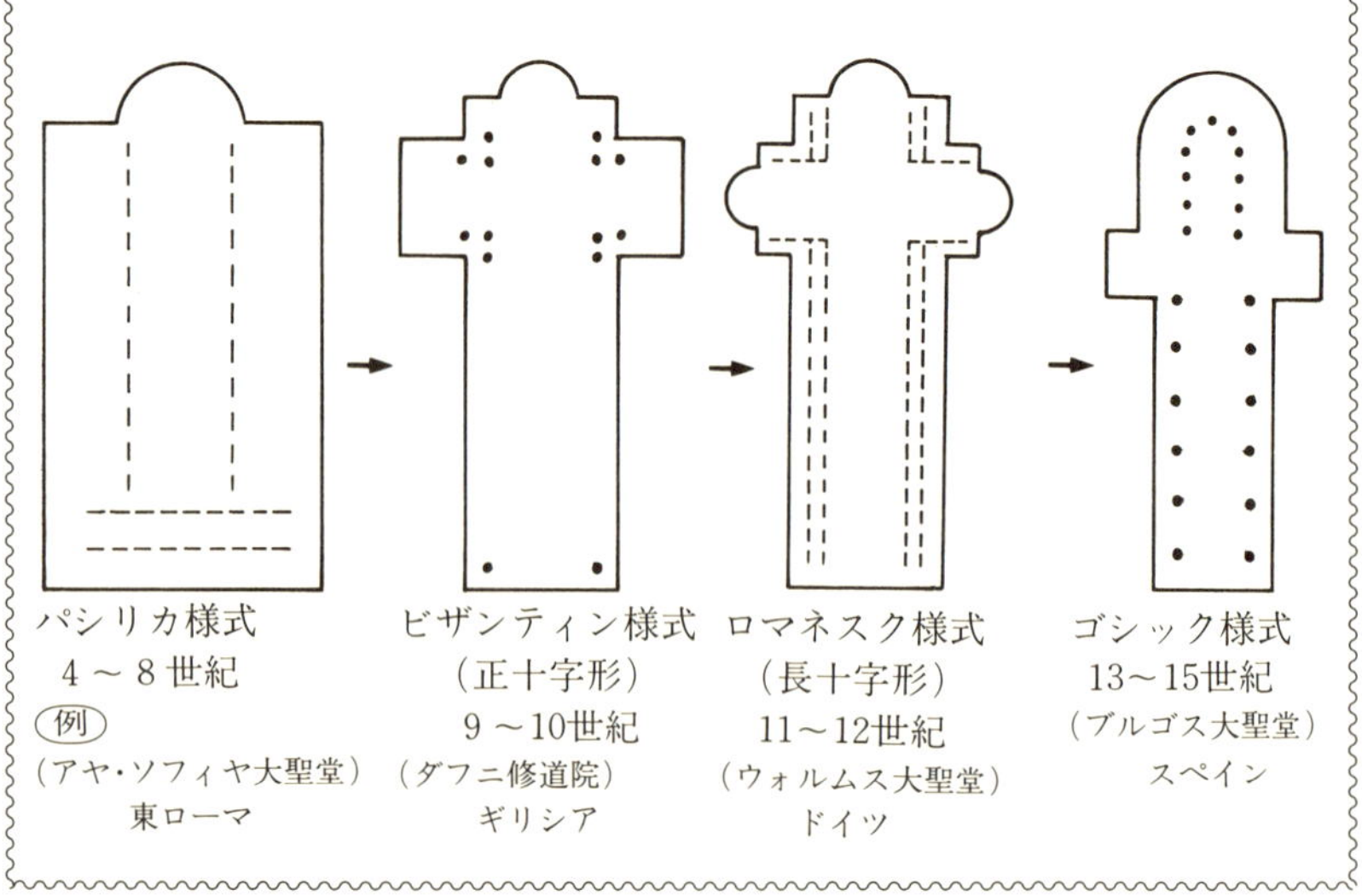

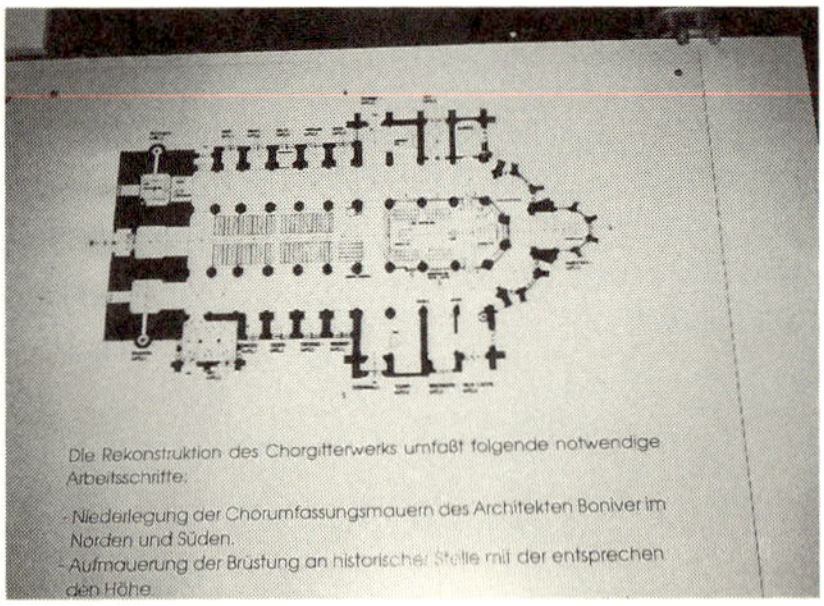

聖クタート教会（デンマーク）平面図
アンデルセン博物館のそば

教会によっては、内部の展示写真に、その教会の平面図の写真を示してあることがある。左のものがそれの一例である。

こうしたものは、上に示すように、建築の様式も変遷があり、興味深い。

（注）投影図では、真上から見た平面図、真正面からの正面図、真横からの側面図の三つを組として表わすことが多い。

五、宗教と科学

対立の中の産物

〝宗教と科学!!〟

一般社会の常識では、この二つは「対立するもの」、少なくとも「相容《あいい》れない関係にあるもの」と考えられている。

前者は理論的に割り切れないものであるのに対し、後者は割り切れるとするからである。

それでは、すべて宗教国家・民族は科学を否定し、拒否してきたか、というとそうではない。

イスラム教開祖のアラビア人、仏教開祖のインド人においては「神官」が天文学者、数学者を兼ねていたこともあって、イスラム教では一一九ページで解説したように、『数学』について高い研究をしただけでなく、広く科学、たとえば火薬、羅針盤などを用いている。

一方、仏教でも次のように〝数詞〟を仏典『華厳経』から採用している。大きい数の名では、

恒河沙《ごうがしゃ》、	**阿僧祇《あそうぎ》**、	**那由他《なゆた》**、	**不可思議《ふかしぎ》**、	**無量大数《むりょうたいすう》**
10^{52}	10^{56}	10^{60}	10^{64}	10^{68}

（無量と大数を分けることもある。）

0は仏教の〝空《くう》〟の思想から、という説もある。一方小さい数では、次の数詞がある。

10^{-13} 模《も》糊《こ》、
10^{-14} 逡《しゅん》巡《じゅん》、
10^{-15} 須《しゅ》臾《ゆ》、
10^{-16} 瞬《しゅん》息《そく》、
10^{-17} 弾《だん》指《し》、
10^{-18} 刹《せつ》那《な》、
10^{-19} 六《りく》徳《とく》、
10^{-20} 虚《こ》、
10^{-21} 空《くう》、
10^{-22} 清《せい》、
10^{-23} 浄《じょう》

（注）10^{-13} は $\frac{1}{10^{13}}$ のこと

このようにみてくると、イスラム教、仏教などは、科学を否定しているとは考えられない。しかし、キリスト教では、三〜一三世紀は「中世の暗黒時代」と称されるように科学を否定した。有名なものでは、地動説、進化論などがある。一二、三世紀に十字軍がイスラム文化と接触し、特に進んだ科学文明――前述のほか、紙の普及、上下水道完備など――に大きな影響を受け科学へ理解をもつようになった、といわれている。

科学と宗教、〝地球規模〟の対立にピリオド

359年4カ月9日ぶり ガリレオの破門解く

ローマ法王が発表

【バチカン31日＝都丸修一】ローマ法王ヨハネ・パウロ二世は三十一日、バチカン科学アカデミー総会閉会式で演説し、十七世紀に地動説を支持して宗教裁判にかけられ教会から破門されたガリレオ・ガリレイに対し、「誠実なる信仰者」であると同時に「天才的物理学者である」と述べ、「三百五十九年四カ月と九日ぶり」（イタリア紙）に破門を解き、正式にガリレオの名誉を回復した。

（朝日新聞　1992年11月1日付）

上の新聞記事は、地動説についてのもので、法王は「ガリレオ問題の争点は、当時の科学者と聖書解釈学者が、自然現象への科学的アプローチと自然に関する哲学的解釈との間に調和を見いだし得なかった点にある」「神学者は、常に科学の成果に目を向け、必要なら神学の解釈と教えを再検討する義務がある」と説いた、という。

科学と宗教は「よりよき生の充実」をめざす

キリスト教もまた〝現実的な科学〟については、理解を示すようになったといえる。現代が科学の時代というものの、未だ人知のとどかない事項、分野は多い。

ここで三須照利教授は、機械文明以前の科学について宗教がどのように対応したか、

①天文学　②医　学

③錬金術　④宗教と社会と宇宙

などの面から、〝数学の目〟でみていくことにした。

① 天文学

「中世の暗黒時代」といわれたヨーロッパのキリスト教諸国では、科学である天文学研究は表面的には禁止されていたため、これで生活をすることはできなかった。

そこで自分の研究をもとにした『占星術』で、彼の生活費を稼いだという。

これを人々は次のように語った。

〝天文学者は、占星術師という悪い娘によって養われた〟と。

宗教では、どの宗派でも基本的に次のものがあった。

（宗教儀式・行事）⟶（年間暦作り）⟶（天文学）⟶（天文観測）⟶（数学）

という流れで、前述したイスラム教（アラビア）、仏教（インド）では、宗教と数学とがかかわっていたし、素朴な宗教時代のシュメール、エジプトでも神官は数学者を兼ねていたのである。

長く科学を拒否したキリスト教でも、近年では〝科学の成果に目を向け、神学の解釈と教えを再検討する義務がある〟という時代になった。

② 医　学

医療は人類の出現と共に「経験医学」が誕生し、やがて病気は神や魔物という超人間の仕業と考えた「魔法医術」が生まれ、祈禱《きとう》師、呪《じゅ》術師、占師などが治療をおこなった。中世になると宗教支配の下で科学性の乏しい「宗教医学」が発展し、ルネサンス時代に「科学医学」、一九世紀以来は精神面にも留意した「近代医学」、そしてその延長として「現代医学」、という発展をしている。

病気は古来から〝病は気から〟の通り、精神的なものとのかかわりが多いので、魔法医学、宗教医学などもまったく意味がないわけではなかった。

その裏付け例として、上の統計資料を示し、加えて数学の有用性の一端をも述べておこう。

プラシーボ調査（回復の割合）

症状	軽快率（%）
船酔い	58
頭痛	52
せき	40
かぜ	35
不安，緊張	30

これはアメリカのビーチャー博士の研究によるもので、患者に〝薬〟と称してメリケン粉や乳糖を飲ませたり、食塩水を注射したりすると、本来なら効果がないはずのプラシーボ（偽薬）なのに、前ページの表のように、病気の種類によっては、相当な効果があることがわかったという。

このようなことから、古代、中世などの医術で、

○有名な祈禱師、呪術師や神父、牧師に診療される
○高価、高級、珍品といわれる魔水、魔薬を飲まされる
○特別な香りや特異な雰囲気の中で呪文をかけられる

などのことで、精神面（心理療法）からなおることも、充分あり得るのである。

祈禱師と病人
（素朴な心理療法）

現代では、新薬ができると、その効果の測定では、同じ病気の人達を実験群と統制群に分け、

実験群には開発された新薬を飲ませる。
統制群には元来効き目のないプラシーボを飲ませる。

しばらくして、この両者の効果の差を比較し、「効き目が同程度なら新薬の効果はなし」とし、「大きな差が出たら有効な薬」と判定するのである。

宗教は精神にかかわるものであるから、ある種類の病気は医学効果があることは、統計学的に保証できるのである。

③　錬金術

「宗教医学」効果の一面に〝イワシの頭も信心から〟があるならば、「錬金術」では〝ヒョウタンから駒〟が当てられよう。

三須照利教授は、錬金術の研究には、数学の〝難問挑戦〟に似たものを感じる、という。

その説明に当たって、歴史上有名な錬金術について簡単に説明しよう。

これは一口でいえば「卑金属を貴金属に転換する術」である。つまり、鉄や銅を金、銀に変え大金を儲けようという科学（？）研究である。

この試みは、遠く紀元前後のエジプトのアレクサンドリアで始まり、イスラム教のアラビアの科学者がこれを受け継ぎ、九世紀にはヨーロッパに伝えられた。

キリスト教全盛のヨーロッパでは、上は教皇、国王、聖職者から下は鍛冶屋、染物師など、多くの人々が錬金術にいどんだといわれている。有名人ではベーコンやニュートンがいた。

当然のことながら、長く、多くの努力にもかかわらず、成功することはなかったが、その過程で、種々の化学的副産物が得られ、決して〝骨折り損のくたびれ儲け〟ではなかった。

それを数学の例と共にあげてみよう。

錬金術師の作業

錬金術の**副産物**――硫酸、硝酸、王水などの化学物質の発見や実験法の開発

数学難問挑戦の**副産物**――

「作図の三大難問」→円積曲線の発見、作図法の開発
「五次方程式の一般解」→『群論』の創設
「一筆描き」→『トポロジー』の創設
「平行線の公理」→『非ユークリッド幾何学』の創設
（P.170へ）

「ツェノンの逆説」→無限の研究、『集合論』の創設 （P.25へ）

これらから、「世の中には、〝努力が全く無駄になる〟、ということはない。」と、大きな副産物に感動する三須照利教授は、つねに学生に対し教訓的に語るのである。

ことのついでに宗教と数学の話を。

エラー　ダブリン大学教授で『誤差論』（エラーの理論）の大家と、カンタベリー寺院の大主教とが、パーティーで会ったとき、大主教は「我々もエラーの説教をします。我々はそれを〝原罪〟とよぶが――」と。

パラドクス　宗教では「禁欲という欲望と闘う」「迷悟も大きな悟り」と。また、人間はもう一人の自分（悪魔の誘惑）と闘う、などという矛盾。

④　宗教と社会と宇宙

宗教は社会的活動であり、社会生活と深くかかわると共に、哲学の領域として、生死や人生、そして宇宙ともかかわってくる。ある宗教学者は、次のように述べている。

「宗教を研究する『宗教学』は、宗教を〝客観的現象として冷静に観察するため〟無宗教でなければやれない。」

「宗教学者は、すごく宗教的人間だが、宗教家ではない。」

三須照利教授は、これらの言葉から、自分も宗教学者になれる、と考え、数学者の視点で、科学（数学）と宗教の関係をさらに調べてみることにした。

最近では、国内の新興宗教の諸問題や政治と宗教の関係。一方、世界的な各地の宗教戦争も激しくなり、〝九〇年代は宗教の時代〟とマスコミが報じているほどである。

精神的な混乱や人間性の解放などによって宗教への関心が深まるのであろう。

しかし、朝日新聞の「宗教関係社説」についての〝論説委員室から〟（'94. 3. 6）では、読者から寄せられた反響には両極があり、その内容について「現代日本の社会は宗教問題を冷静に論議するところまでいっていないようだ」と結論している。大半の日本人は真の宗教を理解できないのかも知れない。

新聞をはじめマスコミが報じた有名な話題に、

○イスラム教のイランでは、小説『悪魔の詩』の著者サルマンに対する死刑宣告。

○キリスト教では、英国国教会で創設四五〇年の歴史で初めて女性司祭を承認。

○仏教では、日本の政党バックアップの二大宗教の対立。

あるいは、

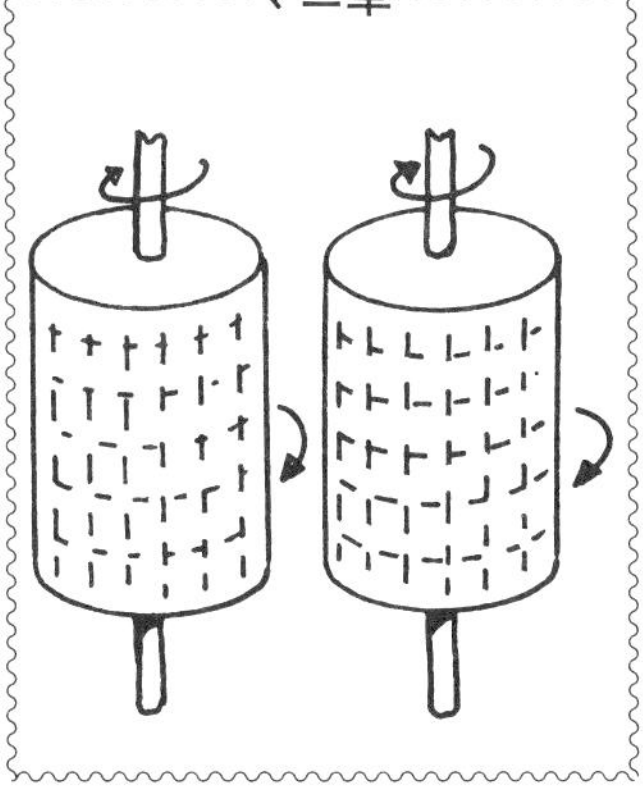
マニ車

インド産ワイン

アラビア文字「アラー」と同じ

○ある自動車のタイヤ会社が製造したタイヤのミゾ（コンピュータ計算による上図）が「アラー」と同じであるとか、フランスのファッションの服の刺しゅうがコーランの一節、として教会が廃棄を迫った。

○インドで「ゴータマ・ブッダ」（釈迦）の銘柄で輸出している酒造業者に対し、スリランカの仏教徒から強い抗議の声がわいた。

○『アンネの日記』のアンネ・フランクの霊を、霊能者がよび出すという日本のTV番組はユダヤ人を冒瀆する、と問題になった。

など、種々の問題が日常的になってきた。

そうした宗教問題の中で、三須照利教授が興味を感じたのは、いろいろな〝手抜き〟（表現は悪いが――）である。

○イスラム教では特定の日にモスクを参拝すると百日分に相当する。

○キリスト教では、罪が免罪符によって許される。

○仏教では、マニ車を一回まわすと経文一巻分読んだことや、日本では百観音を拝むと、百の観音をまわったことになる。

などであるが、考えてみると、数学の世界も〝手抜き〟が多いことを発見した。それらをあげてみると次のようである。

数学は〝手抜き〟（怠け者）用学問である

(1)数計算　・簡便算，省略算，概算，速算

・九去法（検算）

(2)式計算　・規則　㈹分配法則

$a\ (b+c)=ab+ac$

・公式　㈹二次方程式の解

$$x=\frac{-b\pm\sqrt{b^2-4ac}}{2a}$$

(3)図形計算　・求積公式　㈹台形

$$S=\frac{(a+b)h}{2}$$

（(2)(3)について）1つのもので無限の数に対応できる

(4)証明　・数の性質　㈹2桁の数で，一の位と十の位とを入れかえた数ともとの数の差は9の倍数

$(10a+b)-(10b+a)$

$=9\ (a-b)$

・図形の性質　㈹三角形の内角の和は2直角

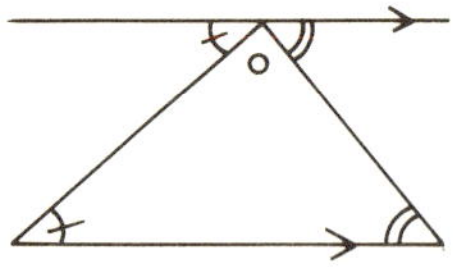

（(4)について）代表1つで無限のものを処理する

(5)その他　・縮図の考え（代用品）　㈹測量図

㈹図形の変換

――設計図，模型，案内図など――

㈹標本調査

㈹同値の利用

㈹コンピュータ処理

科学（数学）と宗教との別の共通点に霊感、啓示、勘、あるいは閃きといったものがある。

デジャビュ（dejavu）とは、一度も見たことのない事物を知っていると思う〝既視感〟――夢で見ることが多い――

シンクロニシティ（synchronicity）とは、〝虫の知らせ〟のような偶然の、意味ある一致、未来の記憶のよみがえり――何かの啓示のようなもの――

ドリーム・テレパシー（dream―telepathy）とは〝夢の予告〟である。

「長い間、ごぶ沙汰していた友人の夢を見たその日、彼の死亡通知が来た」といった種類のもので、数学でいう確率上、このような偶然は0ではないが、科学以前のものを感じる。

こうした体験をもつと、ときに、自分が超能力（科学から宗教へ）をもった人間か？　と錯覚をもつことさえあるであろう。このとき人々は神仏の存在を無視できなくなるのである。

宗教の言葉で「個に内在するそれを〝霊〟、外宇宙に充満するそれを〝神〟と称する」という。

ここで、宗教、宇宙、科学に関連する分野の学問から、専門家の意見をいくつか紹介しよう。

中村雄二郎（哲学者）――新しい宇宙時代は、スプートニクによって開かれたが、今日人類がどれだけ宇宙感覚を身に付けたかというと、かなり頼りない。……紀元前後四世紀にわたって古代ローマに栄えたストア主義たちの宇宙感覚であり、〈宇宙国家〉の思想である。……宇宙国家は、しばしば〈人々と神々からなる組織体〉とよばれ、神格化された天体や自然現象も含まれていた。

河合隼雄（心理学者）――玉ねぎは特有のにおいをもっている。それは時に「くさい」と表現したくなる。すべて宗教はくさみをもっているし「うさんくさい」傾向さえもっている。しかし、それが玉ねぎの特徴だ。ときどき「私どもの宗教は、合理的、科学的に正しいことが証明されています」などと主張する宗教があるが、あんなのは「私どもは無味、無臭の玉ねぎの育成に成功しました。」というように聞こえてくる。

――「玉ねぎ」の語は、遠藤周作著『深い河』に出てくる言葉――

小尾信弥（天文学者）――「私たちはどこから来たか？　私たちは何か？　私たちはどこへ行くのか？」（ゴーギャン）の問いを、

○天文学的に追求すれば、いわゆる『宇宙論』である。

○心あるいは精神面から追求すれば、哲学であり、宗教であり、芸術である。

私は、霊界や死後の世界を考えていない。

など、いろいろな立場からの宗教、そして科学（数学）との関係の主張、意見に、大いに耳を傾けてみよう。

最後に、アーサー・C・クラークの一言を。

「十分進歩した科学は、魔法と区別がつかない。」

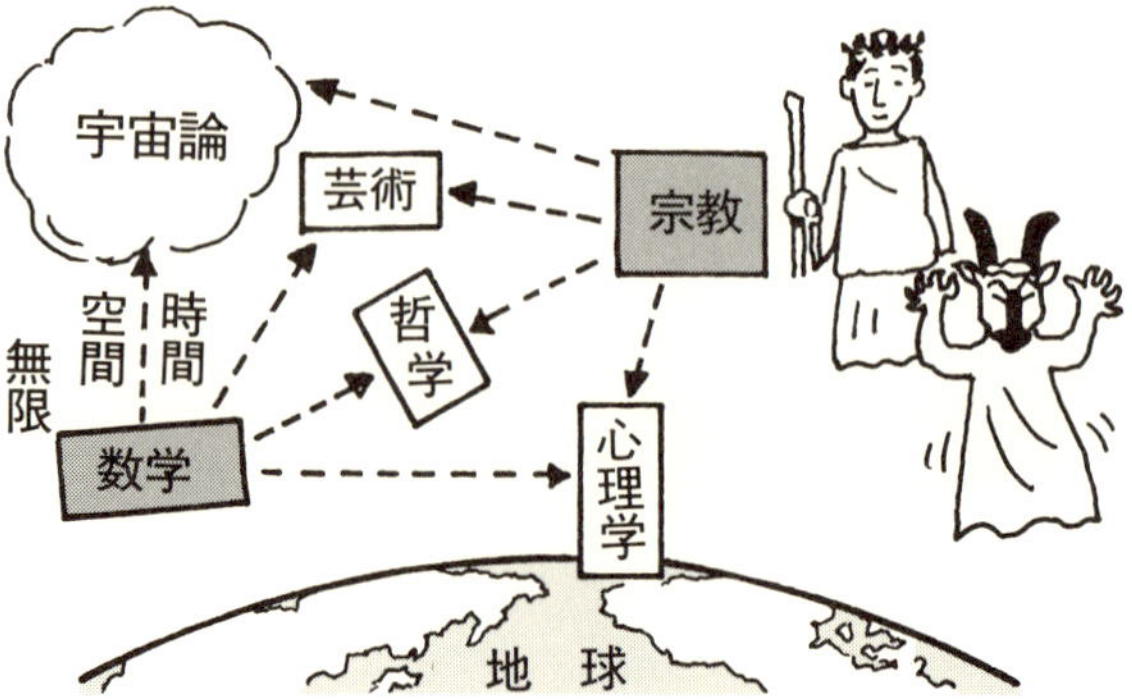

第5章 奇跡と数学

三大宗教の聖地エルサレムの街と“なげきの壁”
（イスラエル）

海の奇跡，海抜－400mにある
“死海”（イスラエル）

一、宗教と奇跡

奇跡の科学分析

〝三歳児、一九階から転落〟

イギリスのロイター通信による、新聞記事のこの見出しに目を向けた三須照利教授は、一瞬ゾーとした。

一九階といえば約八〇メートル近い高さであるから、まず即死であろう。

〝香港の高層アパートに一人残された三歳の幼児が、母親が幼児フォン・コンヘイちゃんの兄弟を学校に送るため家を空けた間に目を覚まし、ふろ場の窓から、干してあった靴下を取ろうとして転落した。〟

記事はこう説明している。

そして後半に、落下する途中に張ってあった洗濯物を干すためのひもに何回も引っ掛かった上、地上の花壇に落ち、奇跡的に助かった、と。

イヤハヤ、とても信じられない話である。

日本にもあった!!

26階から2階植え込みへ
70メートル転落の幼女助かった

川崎のマンション

こうした事件は奇跡的といえるが、事故そのものは珍しくなく、日本にも上のようなことがあった。

これらの超常現象について、三二大学四千人の大学生を対象にアンケートをとった資料（朝日新聞　一九九三年二月三日）がある。興味深いもので読んでみよう。

超常現象・神秘現象の関心度（%）

項目	肯定的	信じる
死後の世界	70	30
霊視	52	24
スプーン曲げ	40	10
星占い	（スプーン曲げと合わせて）40　男32　女52	（スプーン曲げと合わせて）10
ノストラダムスの予言	40	8

超常現象などの情報の得どころ

① 雑誌の占いコーナー（56%）　男35%　女70%
② 友人の話　(50)
③ テレビ番組　(31)
④ 新宗教についての雑誌記事　(20)
⑤ キリスト教をテーマとした小説　(12)
⑥ オカルト雑誌　(10)
⑦ 宗教書コーナー　(6)

（注）　国学院大学日本文化研究所のプロジェクト「宗教と教育に関する調査研究」より

〔参考〕フランスの民間世論調査（'94.5.12）
フランス人18歳以上千余人対象。
・宗教なし　23%
・悪魔信じる　34%
・地獄信じる　33%

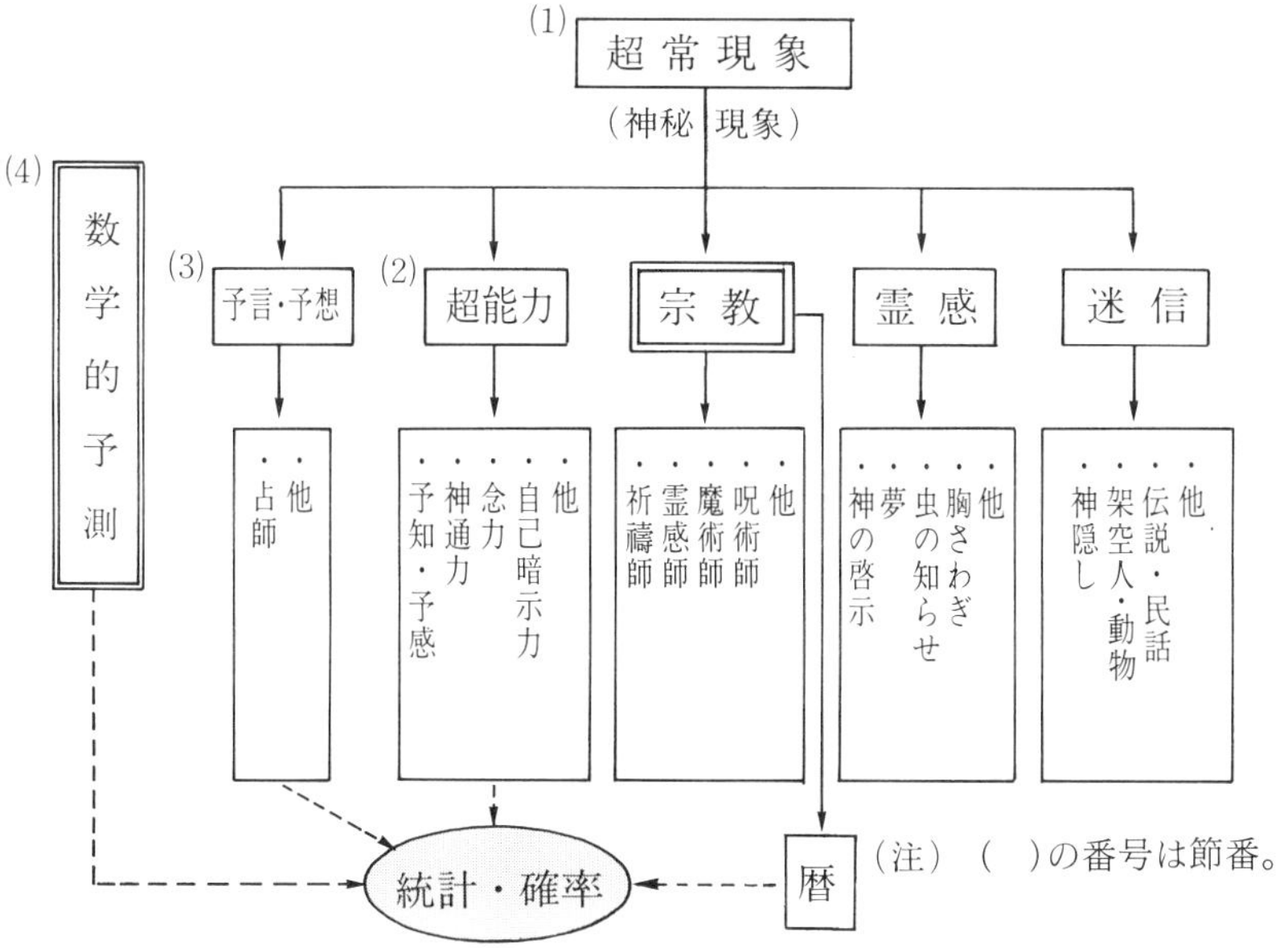

さて、初めの転落記事の〝奇跡〟に関連して、過去のさまざまな世の中の奇跡を、三須照利教授は思い返した。

もっとも印象的なものは、御巣鷹山へ墜落し五百余人の死者を出した日航機事故で、このとき女子だけ四人が、奇跡的に生存した事件。また、太平洋上の沈没漁船が救命いかだで漂流三七日間、九人全員救助。

などである。

宗教心の三大要因は「貧、病、争」といわれているが、素朴な宗教心は、これらの奇跡からも生まれることが多いと考えられる。

こうしたことに興味をもった三須照利教授は、この世の『超常現象』について、上の表のようにまとめ、とりわけ、宗教と数学を位置付けてみた。

宗教には〝奇跡〟〝偶然〟がつきものであり、

これが超常現象・神秘現象として絶対的な信仰の背骨にもなっているように思われる。
では奇跡とは、どのようなもの——確率的な目——をいうのであろうか？

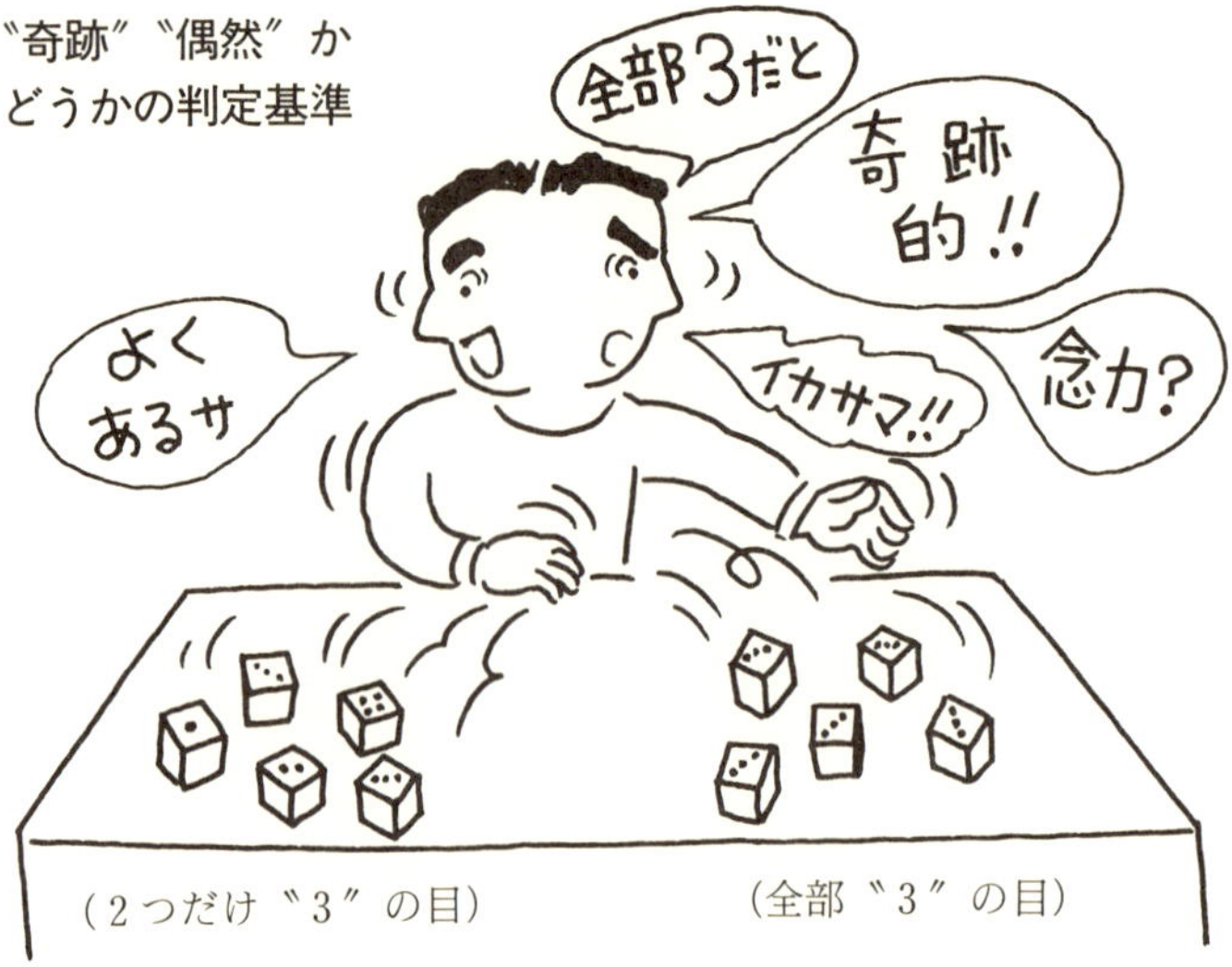
全部3だと
奇跡的!!
念力？
イカサマ!!
よくあるサ
（2つだけ〝3〟の目）
（全部〝3〟の目）
〝奇跡〟〝偶然〟かどうかの判定基準

いま、五個のサイコロを同時に投げたとき、〝3〟の目が二つ出ても、「これは奇跡だ!!」とはいわないであろう。しかし、五個全部が〝3〟の目となると、〝奇跡〟とよぶにふさわしい。

この現象は確率的にみても、ほとんど、偶然に起こること、とはいえないからである。（イカサマは除く）三歳児の転落事故でも一階や二階の窓から落ちて無傷でも〝奇跡〟とはいわないであろう。しかし、十何階という高さからの転落では、一般的に死を意味しているので、「カスリ傷一つない」となると〝奇跡〟ということになる。

宗教界には、種々の奇跡があるが、有名で不思議、不可解のものが、「モーゼの海割れ」であろう。

三須照利教授の追求が、これに向けられた。

これは旧約聖書の「出エジプト記」によると、ユダ

ヤ教徒がエジプトの地で圧政に苦しんでいるのを救うため、神の命を受けたモーゼが人々を苦心の末にイスラエルまで導く話で、シナイ山上で有名な「十戒」をさずかる。

途中数々の奇跡があるが代表的なものが、紅海の〝海割れ〟である。この奇跡は、後世の科学によると、紀元前一六世紀の大火山の津波（引き潮）とか、ある条件下の科学現象であった、という。

モーゼは、この偶然の一致によったものなのか、それともこれを予知していたのであろうか？

三島由紀夫の小説『海と夕焼』の中に、第四回十字軍のあと、一二一二年「少年十字軍」が出たが、これはフランスの羊飼いの少年アンリは丘の上に立ったキリストから、〝同志を集めてマルセイユへ行け。そのとき地中海の水は二つに分れてお前たちを聖地へ導くであろう。〟と啓示を受け、仲間を進めてマルセイユに向かった。しかし、海は分れなかった、という。

トンボロ(tombolo)現象

トンボロとは陸係砂州《りくけいさす》のことで，陸地とその前面にある離れ島とを結ぶ砂州をいう。トンボロによって本土と地続きになった島を陸係島という。（地続きになった状態が〝海割れ〟とよばれる。）

海割れ現象は、場所によっては超常現象——奇跡——ではなく、次のような場所では、年に一、二回この現象が起きるのである。

（例一）韓国の珍島《チンド》と芽島《モド》

毎年五月中旬、午後五時頃から一時間、両島の間に幅二〇～三〇メートル、長さ、二・八キロの道ができる。ふだんは深さ四、五メートル程ある。当日は「ヨンドン祭」がおこなわれ、多数の人が見物にくる。（TV放映）

（例二）江の島

一四世紀の武将新田義貞が、鎌倉攻めで黄金の鎧を海に投げ、これによってできた「海の道」を進んだ、という伝説がある。

（例三）沢田公園温泉

下田から一時間の堂ヶ島で、島と島の間に、幅三〇センチの道ができる。毎年春のある日、午前一一時から午後一時の二時間海水が引き道になる。

モーゼの紅海の〝海割れ〟については、現代の海洋学者は風の方向、強さ、時間など種々の条件次第で、この現象は奇跡ではなく、起こり得ること、と語っている。

ユダヤ教の〝海割れ〟、キリスト教の〝復活〟に対し、神道日本には元寇の〝神風〟がある。

長く神風も奇跡と思われたが、二回の元寇襲来が文永一一年（一二七四年）一〇月二〇日と、弘安四年（一二八一年）七月三〇日――いずれも月日は旧暦――で、いずれも台風の季節であり、起こり得ることであった、といえる。

噴火による異常気象原因？

カナダ国立科学研究教授

氷河層分析し仮説

元軍撃退した「神風」

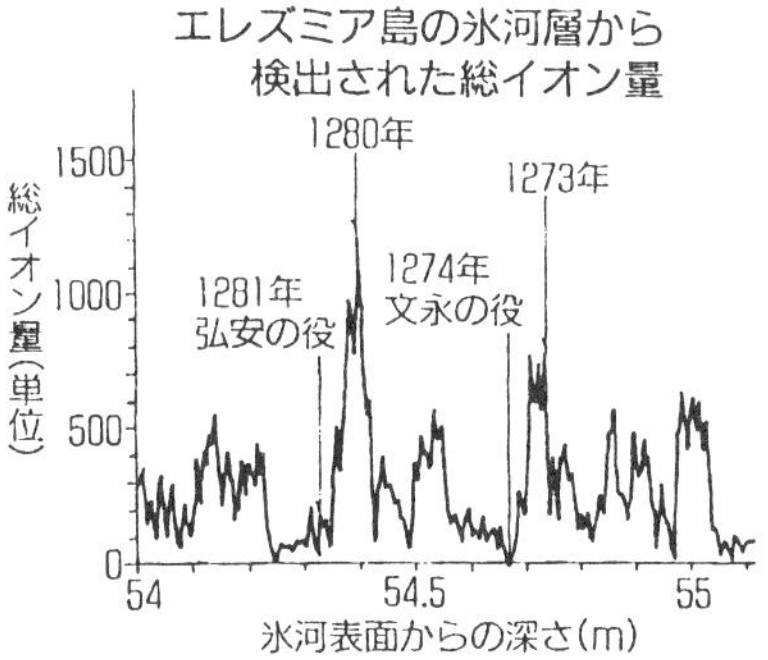

（朝日新聞　1993年12月10日）

工藤章教授は、上記のように、大規模火山噴火、異常気象の観察から神風（台風）についての仮説を立てた。

噴火で大量放出される硫酸イオンなどの測定をし、コンピュータ分析した上、両年とも台風の発生数が多く、規模も大きかった、と推定している。

いまや奇跡も、コンピュータによって科学的、数学的に分析し、原因を解明する時代となった。

日本の神話「奇跡編」

日本独特の宗教『神道』にある神話にも数々の奇跡の話がある。

天岩屋戸隠《あまのいわやとがくれ》　高天原の天照大神《あまてらすおおみかみ》（天皇家の先祖神）が弟、素戔嗚尊《すさのおのみこと》の数々の乱行に立腹し天岩屋戸（志摩、恵利原の水穴）に身を隠した。そのため天下が真暗になり、人々は大神に表に出てもらう工夫をする。裸踊りなどの大騒ぎで大神が好奇心から少し戸を開けたところ、岩戸を引き開け、再び天下を明るくするという話。

金の鵄《とび》　神武天皇（天皇初代）が東征のとき、長髄彦《ながすねひこ》の軍勢にはばまれたが、天皇の弓に金色の鵄が止まり、その明るさに目がくらんだ長髄彦たちは、降伏したという話。――明治以降、戦争武勲者に金鵄勲章が贈られた――

これらはいずれも三世紀頃で、〝日食〟についての伝説から創作されたものと思われる。

（古代ギリシアのターレスは紀元前六世紀に、天文測定から日食月日を予言している）

そのほか、海上の小島に綱をかけて出雲国に結びつけた八束水臣津野命《やつかみずおみつののみこと》の「国引き」や、八つの頭をもち、村人をたべた「八岐大蛇《やまたのおろち》」を退治した素戔嗚尊《すさのおのみこと》の神話など有名。（八は当時、沢山の意味）

二、人間の超能力

――数学による裏付け

昆虫や動物には、驚くほどの超能力をもっているものがあることはよく知られているが、考えてみると、人間にも、人により、努力によって超能力を発揮することがある。

人間の超能力について分析、分類すると左のようだろう、と三須照利教授は述べる。

これらはいずれも科学（心理学）の対象となり得るが、一五一ページで示した〝霊感〟は、科学の領域の外にあるものである。とりわけ、キリスト、マホメットなどの〝神の啓示〟や〝仏陀の悟り〟などがそれである。

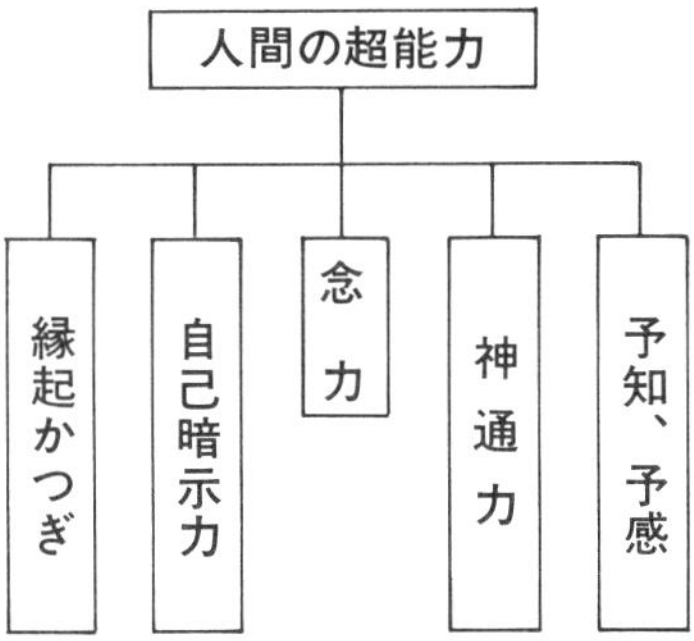

神や仏の世界には、科学、特に数学が入る余地がないので、ここでは避けて通りたい。

(一) 予知、予感

三須照利教授は十数年間、海外旅行をしているが、元来旅行は好きでない。その理由の一つに〝乗物運〟が極めて悪いことである。（反面〝天候運〟は大変良い）

航空機に限らず、日常の電車、バスでさえ、隣席や前後の席に、どうも心地良くない人が座っていることが多い。うす汚い、酒くさい、行儀が悪い、仲間と大声でしゃべる、いねむりでよりかかる、そんなタイプの老若男性が来る。ときに、ガラガラの車内なのに、入ってきたそんなタイプの男性を見ると、「キット隣に来るぞ」という予感がする。案の定、ゆったり座ればいいのに、隣にピタリと寄りそうように座る。ナントいうことだ!!

「この予感の確率は実に高いのが、不思議に思えてたまらない。」と、三須照利教授はこぼす。

空席が多いのに隣に座るうさんくさいヤツ

また、彼の予知、予感のもう一つに、〝夢〟がある。（一四五ページ参考）

夢の中で、かつて見たことのない風景や知らない土地を歩いたりする。後日、何かの用で、初めてのところに行ったとき、夢で見た風景や土地と同じであることを発見して驚いた経験が何度かある。科学的には信じられないことなので、三須照利教授は他人に口にしたことはない。

あなたも、何か予知、予感の体験をもっているであろう。

(二) 神通力、念力

数人のタレントのテレビ座談会の席で、ある年輩の俳優が誇らし気に、

「私にいじわるしたいやな先輩に、〃アイツメ、不幸になれ〃と思っていると、大抵病気になったり、死んだりしているヨ。私には神通力があるようだ。」

と言っていた。どんな人間にも、それほどの力はないであろう。〃神通力〃とは、「何事も自由自在になし得る力」ということであるという。

神通力とは、文字通り神に通じる力であるから、

直観力
記憶力
計算力
など、ふつうの人が誰でも持っている能力に関して、神的と思われる能力をいうのである。

似ているものに〃念力〃があるが、これは「思いを込めることによって生じる力」で、前記の俳優はむしろ、念力という方が適しているかも知れない。

サイコロを振るとき、「3が出ろ、3が出ろ!!」といって振ると、〃3〃の目が出る、というたぐいのものである。

(三) 自己暗示力

人間は、各自が成長していく過程で、知力、学力、体力、運動能力、……など、自己のもつ力をある程度、

念力のモデルはスプーン曲げ

火事場のバカ力

自覚し、認知している。しかし、〃火事場のバカ力〃の諺のように、近くの家で火事があると、ふだん力のない人がタンスなど大きく重いものを運び出し、鎮火してさて家に持ち入れようとすると、重くて持てない。こうしたことは、平常心のときは筋肉が切れることを恐れて、実力の六〇%しか力を出さないからで、緊急時になり、自己抑制力がなくなると、筋力を一〇〇%発揮するため、予想もしない力が出るのだという。

とすれば、上手に、自分をのせる、つまり自己暗示力によって、実力以上と思われる、ときに超能力ともみられる力を発揮することができるはずである。

オリンピックなどのとき、自己最高記録が多く出るのも、これによるといえよう。

自己暗示力をささえるものの一つに〃縁起をかつぐ〃というものがある。相撲取りなどが、勝ったときのふんどしを使う、とかヒゲをそらない。ホームランを打った日に家を左足から出た野球選手が、試合の日は左足から家を出る。役者が舞台に出るとき、手に〃人〃と書き飲みこむ。などなど……。

受験生らが縁起をかつぐのも、自己暗示力を高めることに効果がある。危機に直面したアポロ13号の船長ジム・ラベルは〃不吉な数13〃の心配より、月ロケット7号の〃ラッキーセブン〃を信じた、という。「幸運」は自らがひき寄せるものなのだろう。

三、予言、予想の当否

当たるも八卦か

予言、予想とも、それを述べる者にとっては、何かのよりどころがあるとはいうものの、多くの場合、客観的な根拠に乏しく、信用に足ることが少ないものである。

そのため、ときに民族、国家を滅亡させ、社会を混乱させ、あるいは個人の生活・人生を滅茶苦茶にさせてしまうことさえある。

宗教関係では神の啓示を受けたものを〝預言者〟といい、一般の占師などの予言とは区別して用いる習慣がある。

ここでは、予言、予想という『統計』や『確率』に多少とも関係するものについて、上のように分類し、民族、社会、個人とのかかわりを調べてみることにしよう。

予言の種類

- ① デタラメ（売名目的）
- ② 霊　感（啓示による）
- ③ 推　測（伝説などが根拠）
- ④ 統　計（経験と資料）
- ⑤ その他

アステカの滅亡　アステカには、トルテカ王国で長く語り継がれた『ケツァルコアトル神話』の伝説があった。これは〝闇の神の軍神で犠牲を要求するテスカトリポカ神と、文化的なケツァルコアトル神とが対立して争い、ケツァルコアトル神が敗れ、都トゥーラから追放されてしまう。彼は別れ際に、「私は『一の葦の年』に帰ってくる。そのとき、人民にとって大変な厄災の年になるであろう」と、言い残し、東の海へ去っていった。〟

というもので、一五一九年、スペインのコルテスの一隊がアステカを訪れて皇帝に面会を求めたとき、その年が『一の葦の年』に当たる上、〝ひげをはやした不思議な白人〟コルテスが東方から来たので、予言が一致してしまった。信仰心の深いモクテスマ二世にとって、これが悲劇となり、やがてアステカ民族は滅亡した。

聖書の分析と「世の終り」　古くから「〇年後にこの世の終り」と予言した人は多いが、十六世紀ドイツ最大の数学者であり、修道士であったミカエル・シュティフェルの予言は有名である。彼は数学者らしく聖書を分析し、一五三三年一〇月三日に「世の終り」があると発表した。このため、農民は仕事をやめ、商人は店をしめ、庶民は遊び過し、人々は金をつかい果たした。しかし、その日は何も起きなかったのである。無一文になった人々の怒りを買ったシュティフェルは有名な宗教家ルターの導きで牢獄へ逃げ難をのがれたという。

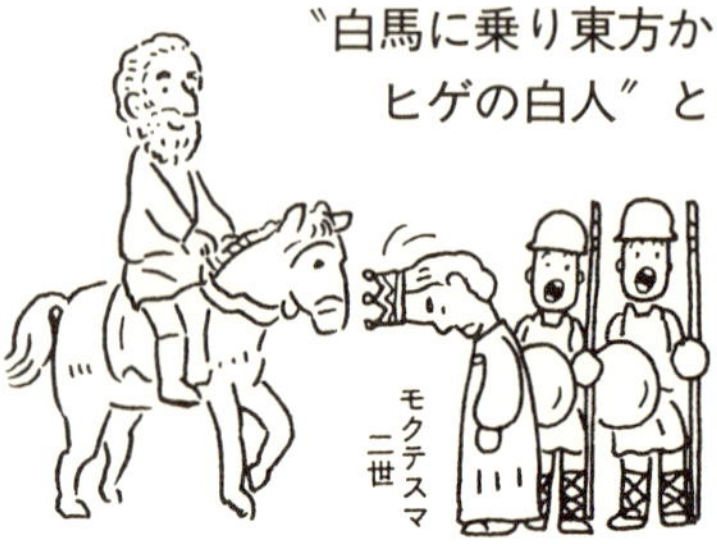
〝白馬に乗り東方から来た
ヒゲの白人〟という予言に
ピッタリ!!

彗星の地球衝突

天体の地球衝突命落とす確率は飛行機事故並み

一九世紀に、彗星が地球に落ちてくるという予言が広く伝わり、前ページのような大混乱が起きたことがあった。米惑星科学研究所のチャップマンと米航空宇宙局のモリソンが、英科学誌『ネイチャー』に発表したところによると、直径一・五キロ程度の天体が地球に落ちるのは、ほぼ五〇万年に一度の割合で起き、そのとき、一五億人が死ぬと見積もられる、という。

一人の人間が、一生の間に天体衝突で死ぬ確率は、自動車事故の二百分の一、旅客機事故と肩を並べるということである。(一九九三年一月六日 上は見出し)

ネッシー存在予想

古くから英ネス湖に怪物(通称ネッシー)がいる、と予想され、一九三四年四月、ついにその姿を写真に収めた、ということで大論争になった。

一九七一年には生け捕りに百万ポンド(八億六千四百万円)の懸賞金さえかけられたが、予想の範囲を超える調査結果は一つも出てこなかった。

そうした折に、写真売り込みの中心人物のスパーリングが九〇歳で亡くなる前('93.11.)、おもちゃを写した、と語ったという。

今年は雨少ない予想

地震予知

現代社会では、種々の最新機器や調査統計などによって、自然現象、社会事象などの予知、予想をおこなっている。

人間に多くの恐怖と被害を与える地震について、「地下を流れる電流（地電流）の微小な変化をとらえ、地震の直前予知をする」ことにギリシアで成功したという。観測データに地震の前兆がみられたとき、防災委員会に〝予知電報〟を打つと、その数日～二〇日後に地震が起きるのが普通で、約六〇％の確率で当たるという。

余命保険　予想超す反響

主な課題と実現予想時期

1998年	時速300キロの新幹線実用化
2001年	心，肝の臓器移植が欧米並みに
2002年	１ギガビットメモリーの超 LSI
2003年	都市ゴミの自動分別技術
	多目的看護ロボット実用化
2004年	電気自動車の普及
2005年	河川の水質浄化技術実用化
2006年	火山噴火の２，３日前予測
	エイズ治療法の確立
2007年	超伝導磁気浮上鉄道実用化
2008年	地震などの防災システム普及
2010年	Ｍ７以上の地震の数日前予測

（1991年段階の予測）

上の表は、科学技術庁が一九七一年から五年ごとにおこなっている専門家約三千余人に対する「課題の実現予想時期」の調査結果である。

〝科学技術がどこまで進歩するか〟専門家の回答の平均であるが、予想調査というものも、なかなか、興味深いではないか。

商業地はなお下落予想

四、現代的予測法

統計・確率の活躍

予言、予想、予知などに対し、〝予測〟は相当に科学的根拠や信頼度が高い場合に用いられる。そして左（新聞記事の見出し）のように、いろいろな社会の場面で見られる。

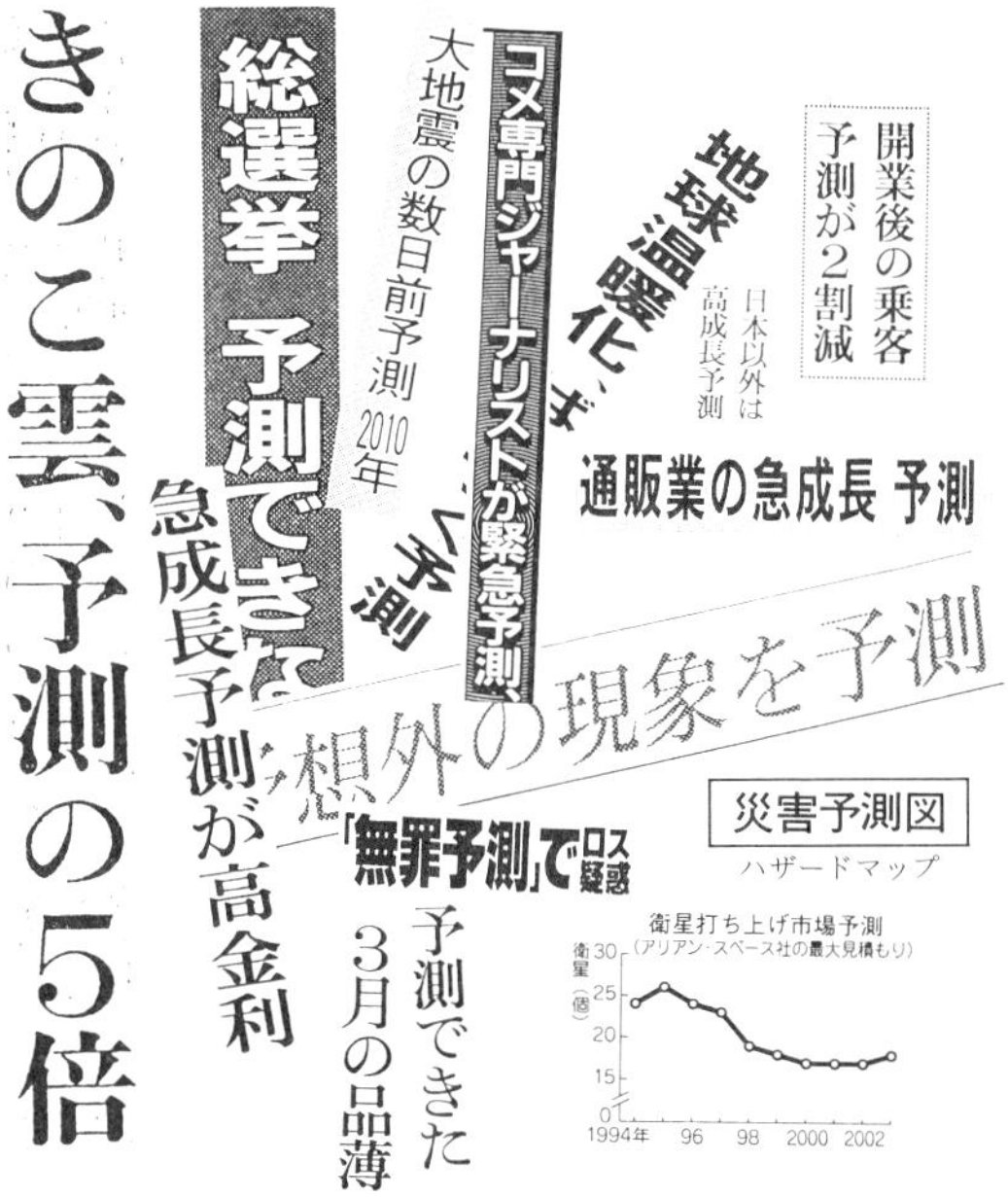

開業後の乗客予測が2割減
地球温暖化
日本以外は高成長予測
通販業の急成長 予測
コメ専門ジャーナリストが緊急予測
大地震の数日前予測 2010年
総選挙 予測できな
く予測
想外の現象を予測
災害予測図
ハザードマップ
「無罪予測」でロス疑惑
急成長予測が高金利
予測できた 3月の品薄
きのこ雲、予測の5倍
衛星打ち上げ市場予測
（アリアン・スペース社の最大見積もり）

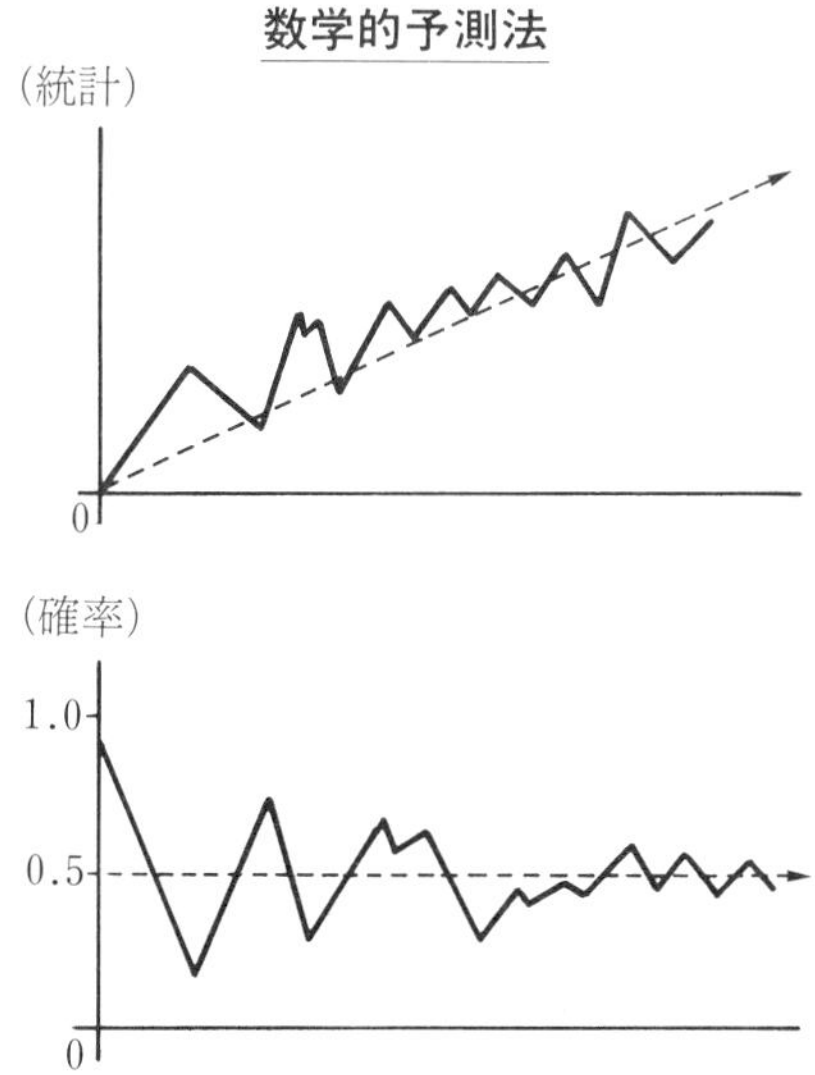

数学的予測法
（統計）
0
（確率）
1.0
0.5
0

予測の社会“寸話”

(1)　ＪＲ成田空港２駅，なぜか売れる「140円区間」。
売れ行きに疑問をもった同支社が１週間調べたところ，両駅で売れた140円の乗車券は計1,535枚だった。ところが，このうち，両駅の出札口で回収されたのは55枚だった。

とし，多数のキセル者がいると**予測!!**

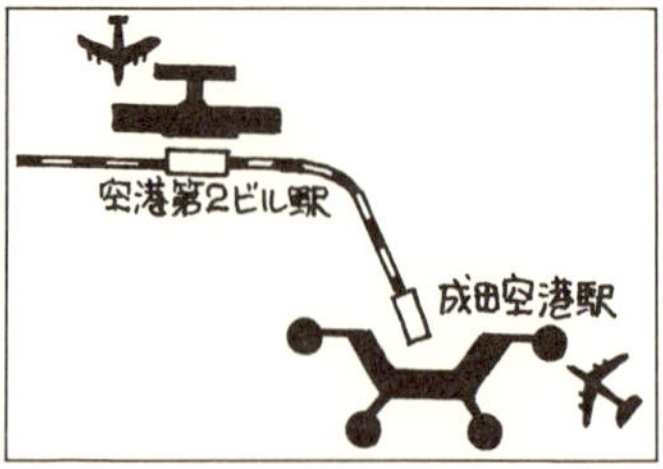

(注)　枚数は２月15日から１週間の総計。
ＪＲ東日本千葉支店調べ

(2)　タイの飼料の改良。
養殖タイは,配合飼料のため色が黒くなり価格が落ちるため,酵母の中にアスタキサンチンという色素入りの飼料で赤くすることに成功。

1993年の売り上げ約１億５千万円が94年は３億になると**予測!!**

(3)　2000年９月26日，小惑星が最接近。
フランスの科学月刊誌『科学と未来』に，直径１キロもある巨大な小惑星が地球に最接近すると報じた。

（専門家によると，直径１～５キロの小惑星が地球に衝突する確率は，30万年に１度という。）

同誌は直径１キロの小惑星が人口密集地域に秒速100キロのスピードで衝突した場合，計り知れない被害が出ると警告。また，海洋や砂漠に落下しても，全地球的な生態系の破壊をもたらすと**予測!!**

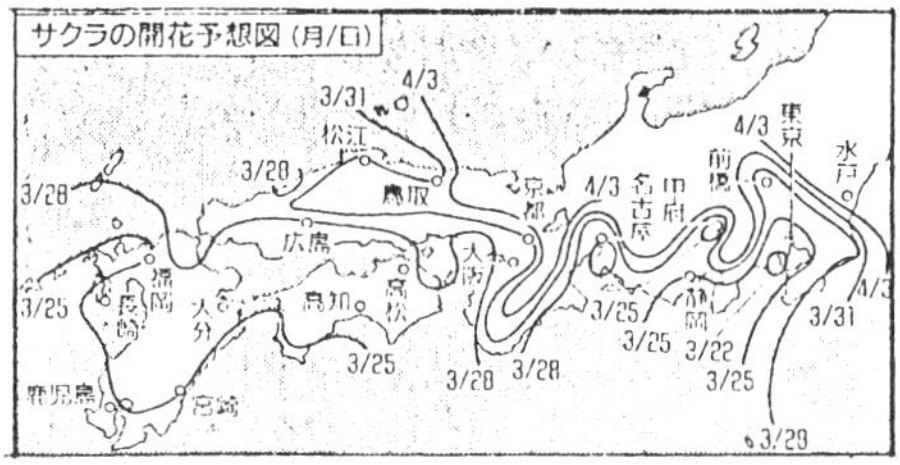

（朝日新聞　1994年3月4日）

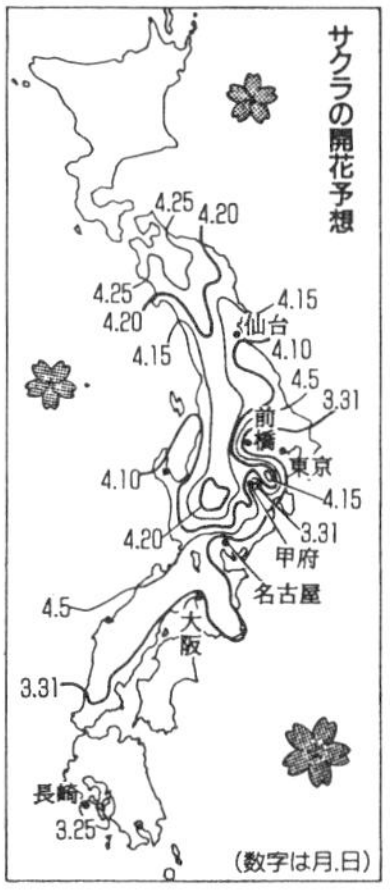

桜の開花予想一部を「修正」

気象庁は十八日、今春二回目のサクラ（ソメイヨシノ）の開花予想を発表した。全国的に平年並みで、最も開花が早いのは長崎市の今月二十五日。東京の予想開花日は平年より一日早い二十八日とされている。
気象庁は、今月三日の第一回予想では、「関東地方や瀬戸内地方では平年よりやや早いところがある」と発表、東京の開花日も二十六日と予想していたが、三月に入って気温が低い日が多かったことから、今回の発表では、関東や四国地方などで予想開花日が第一回よりも一－四日程度繰り下げられた。

（朝日新聞　1994年3月19日）

前ページの例は、統計、確率にもとづく予測法である。数学的予測で、さらに強力なものが標本調査（サンプリング）である。

現代では、テレビなどの視聴率予測、選挙予測など社会的なものから、大量生産の抜き取り検査、河川や大気の汚染度などの予測と、極めて広範囲に利用されている。

標本調査では、抽出方法や誤差の範囲を示すのがふつうである。

毎年春になると、気象庁は開花予想を発表しているが、これには上のような開花予想図を示している。

『東京の桜』は、靖国神社にある三本のソメイヨシノ（標本木）が選ばれ、三本のうち二本に五～七輪の花が開いたとき〝開花した〟と発表するというが、予想では、つぼみの重さや成長度、過去の例など総合的に判断するという。秋には紅葉前線の予想図が発表される。また、近年ではスギ花粉予想などもある。

（注）これらの予想は、むしろ予測が適当であろう。

TVの「世論調査」花盛り

無作為層化二段抽出法

一般の世論調査でよく用いる方法で，母集団（全資料）から標本（縮図）をとり出すとき，資料を各階層別にして一段の抽出をし，それをもう一度，つまり二段に抽出して標本をとり出す方法である。

標本調査の方法

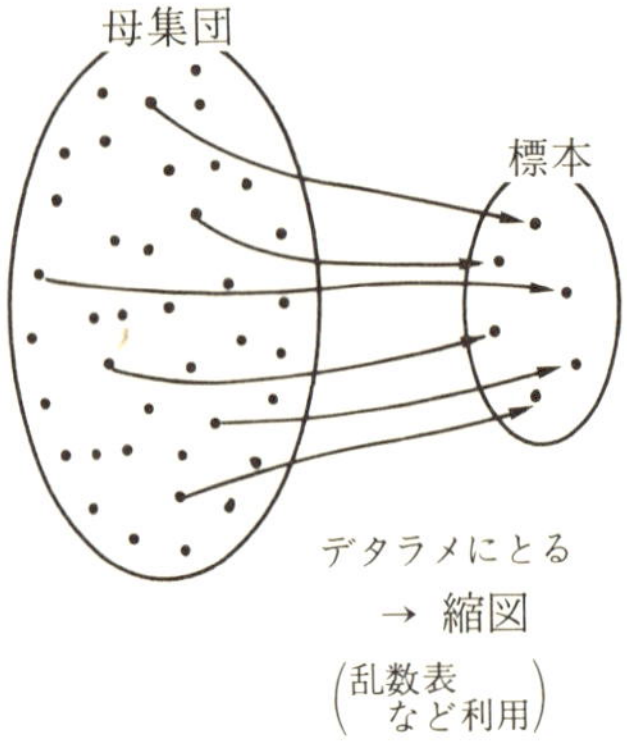

最近はテレビ番組の生《なま》放送中に、電話（ときにファックス、メール）による世論調査をおこなうことが、その機動性の長所から流行している。

この結果の信頼性については、二つの新聞社が同時期におこなった電話調査と面接調査で、その結果がほとんど変わらなかった、という例があり、電話調査の信頼性が高まっているが、視聴者だけを対象とした調査は、世論調査というべきではない、とする意見がある。

一般によく使用されるアンケートも、科学的な調査とはいえないであろう。

これら広く標本調査は、当然実際との誤差をともなうものであるから、誤差幅（±α）をつけることが、予測の信頼性を高めることになる。一般的に標本調査では信頼度95％(危険率5％)が一つの目安となっている。身体、生命にかかわることは当然99％以上が期待される。

マーフィーの法則

宗 教 家――教 訓
芸 術 家――美 学
神秘主義者――宿 命
合理主義者――論理形成
数学者(某氏)―単なる確率

の法則といわれ、多くの人々に興味、関心を持たれ、類書が次々とベストセラーになった『マーフィーの法則』は、一九四九年カリフォルニア空軍基地のエンジニアであるマーフィー(Murphy)の重力測定装置の異常原因についての発言から生まれた。

――科学で解明できない「宇宙の法則」――

「トイレに座ったとたんに電話が鳴ったり、タバコに火をつけたとたんにバスが来たり、車を洗ったら雨がふったり……」(「はじめに」より)あるいは「会議が終ると、眠りの呪いが解ける」など、似た経験は誰でも日常生活で、しばしば思い知らされることである。

これらを、〝どの辞書にも教科書にも載っていない〟法則として、資料を、日常・社会生活の中から幅広く収集整理した点が素晴らしい。

しかし、比例、反比例、組合せ、誤差、等号、指数関数、確率、あるいは変数、定数など、数学用語は多いわりにあまり数学的でない上、総じてある事柄が裏目に出た、とか一つの面を裏側からみたなどの法則? に過ぎないお話。雑談、酒飲み話のネタ、といっては失礼かな?

五、数学の予想問題

数学は発展し続ける学問

『数学』は本来、創造的活動であるから、〝予想問題〟とは切っても切れない関係がある。

しかし、数学を研究する数学者は、左に示すように時代によって代表的活動はさまざまである。

数学者の社会的地位，活動

古代	エジプト インド	神官，天文学者
〃	ギリシア	哲学者
〃	ローマ	設計者
13世紀		商人
15世紀		計算師
16世紀		魔術師，占星術師
17世紀		思想家，宗教家
18世紀		職人，技術師
19世紀〜		大学教授の地位確立

（注） 13〜19世紀はヨーロッパ中心の話

三須照利教授が、数学に興味をもつ一つに、この多面性、多様性にある、という。それだけに各時代に、それぞれ特有の〝予想問題〟が創作され、後世に大きな影響を与えたり、貢献したりしている。

予想問題とは、当然ながら創作者は解決していないのである。いや、解決可能か不可能かも不明な問題である。

作図の三大難問（紀元前四世紀）

定木、コンパスを有限回使用して、次の作図をすること。

(1)任意の角の三等分　(2)立方体の二倍の体積の立方体　(3)円と面積の等しい正方形

いずれも作図できず、一九世紀に「方程式と作図」の関連から作図不可能が証明された。

平行線の公理（紀元前三世紀）

『ユークリッド幾何学』（原論）の第五公理で、一～四の公理に対してあまりの長文なので、「もっと短くならないか」「他の公理で証明できないか」と、長く検討されたが、一九世紀にリーマン、ロバチェフスキー、ボヤイらが、この公理だけを換えた『非ユークリッド幾何学』を創案した。後に「公理主義」誕生。

五次方程式の一般解（一六世紀）

一～四次方程式まで順調に解の公式ができ、五次方程式も存在すると考えられた。しかし一九世紀にアーベル、ガロアによって代数的に解けない（公式なし）ことが証明された。『群論』誕生。

ケーニヒスベルクの七つの橋渡り（一七世紀）

ケーニヒスベルクの町を流れる「七つの橋を一度ずつしかもすべてを渡る」という問題である。

一八世紀にオイラーが不可能を証明した。『トポロジー』の創設。

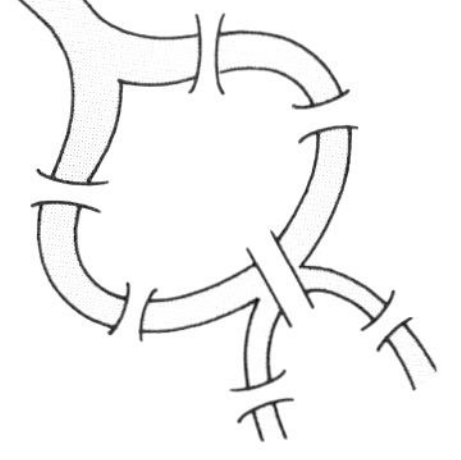

以上は、有名、重要な予想問題とその解決である。一口に解決といってもいろいろなタイプがあることに気付くであろう。

次にあげるものは、現代でも未解決のものである。

四色問題（一八世紀）

複雑に組み込んだ地図を四色で塗り分けられるか、という問題で、これは二〇世紀にコンピュータを駆使し、シラミツブシ法で塗り分けられることを実証した。しかしその後数学界では、この方法への疑問や数学特有の「論証」でないことから、正式な解決ではないとしている。

素数の分布と双子素数の特徴（紀元前三世紀）

素数が無限に存在することはユークリッドによって証明されたが、素数をつくる式や分布、また双子素数の特徴や有限か無限かの問題。

ゴールド・バッハの問題（一八世紀）

ゴールド・バッハがオイラーへ送った問題「5より大きい任意の自然数は三つの素数の和で表わされる」(例) 19＝3＋5＋11

これについてオイラーは次の改題した仮説を立てた。

「2より大きい偶数は、すべて二つの素数の和で表わされる。」

双子素数

$\begin{cases}3\\5\end{cases}\begin{cases}11\\13\end{cases}\begin{cases}17\\19\end{cases}$……何組あるか？

（例）８＝３＋５，２０＝７＋１３

これもソ連のヴィノグラドフが解いたという説があるが、不明である。

ヒルベルトの問題（二〇世紀）

二〇世紀最大の数学者の一人であるドイツのヒルベルトは、一九〇〇年パリでの国際数学者会議で二三題の数学上の問題を提出した。

このうち既に何題かは解決された。中には否定的解決のものもある。解決された問題例。

(一)　連続体問題

(三)　底面積と高さの等しい四面体の体積が等しいことの合同公理のみによる証明の不能性

(五)　位相群がリー群（数学者リーの連続群）になるための条件

(七)　種々の数の超越性の証明

(九)　類体論における一般相互法則

など。

〔参考〕**フェルマーの定理**（一七世紀）

名称は定理であるが、問題で、「三平方の定理」の発展による式 $x^n+y^n=z^n$ で、整数 $n≧3$ に対して x、y、z の正の整数解はない、という懸賞金付きのものであったが、最近解かれた（五二ページ参考）。

数学は用語もまた
〝神秘〟に満ちている！

超
超越数
超平面
超数学

零
零行列
零集合
零和ゲーム

無
無作為
無矛盾
無名数

虚
虚　数
虚　円
虚　軸

空間
位相空間
確率空間
抽象空間

その他

真偽	偶然表	回帰曲線
偏差	絶対値	陰伏関係
擬球	漸近線	高々可付番
近傍	背理法	先験的確率
共役	棄却域	拡散方程式

などなど日常語にない用語が多い。
サテ，上のいくつを説明できるか？

解説・解答

※世界数学遺産ミステリー④『メルヘン街道数学ミステリー』の〝遺題〟の解答もふくむ。

第１章　神と数学

（22ページ）

〔参考〕　「円積問題」を最初に研究した人はアナクサゴラス（B.C. 499～427）で，〝神を信じない〟という罪で獄に投じられたとき，獄中で考えたという。後の幾何学者が,「円積問題」解決の方法として円積曲線を考案した。——ただし，この曲線は定木，コンパスでは作図できない——

（25ページ）

㈡　二分法

ある地点から別の地点までには中点があり，そこまでに中点があり，……と考えると,無限の点が並んでいるので有限の時間には行けない。

㈢　飛矢不動

飛んでいる矢は，一瞬空中に位置を占める。この止まっている矢がなぜ動くのか。

㈣　競技場

◍，●それぞれを左右に１つずつ動かすと○からみて２つ動いたとみえる。

○○○○（固定）

←◍◍◍◍

●●●●→

つまり，ある時間とその２倍の時間は等しい。

（42ページ）

図形のパラドクス

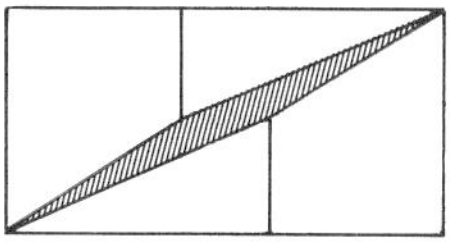

対角線に１マス分のスキ間ができている。

第２章　数学の美

（51ページ）

$f(m)=m^2+m+41$ の右辺を変形して　$f(m)=m(m+1)+41$

$m(m+1)$ が41の倍数になると，$f(m)$ は41を約数にもち素数ではなくなる。

（例）　$m=40$，$m=41$，$m=81$，$m=82$，……。

（57ページ）

① $a^{0.5}=a^{\frac{1}{2}}=\sqrt{a}$　② $a^{\frac{2}{3}}=(a^2)^{\frac{1}{3}}=\sqrt[3]{a^2}$　③ $a^{1.4}=a^{\frac{14}{10}}=a^{\frac{7}{5}}=\sqrt[5]{a^7}$

（58ページ）

① $\frac{0}{0}=0$ ではなく，$0\div0=a$ とおくと　$0=0a$　よって a は不定

② $5^0=1$（約束している）　③ $\sqrt{0}=0$　④ $\log\ 0$（考えない）

⑤ $\sin\ 0=0$（参考，$\cos\ 0=1$）　⑥ $0!=1$（定義）

（60ページ）

チェバの定理

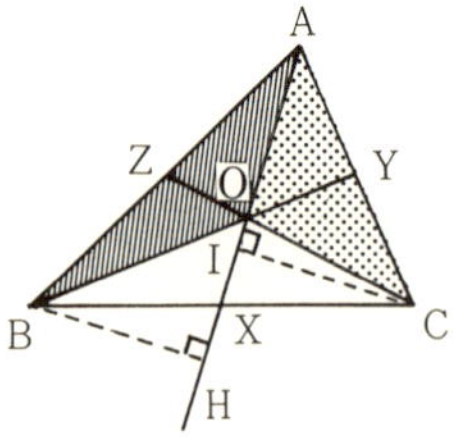

（証明）　AX の延長線を引き，点 B，点 C からこれに垂線 BH，CI をおろす。$\frac{\triangle ABO}{\triangle ACO}=\frac{BH}{CH}=\frac{BX}{CX}$……①

同様に　$\frac{\triangle BCO}{\triangle BAO}=\frac{CY}{AY}$，$\frac{\triangle CAO}{\triangle CBO}=\frac{AZ}{BZ}$……②

①，②より　$\frac{\triangle ABO}{\triangle ACO}\cdot\frac{\triangle BCO}{\triangle BAO}\cdot\frac{\triangle CAO}{\triangle CBO}=\frac{BX}{CX}\cdot\frac{CY}{AY}\cdot\frac{AZ}{BZ}=1$

メネラウスの定理

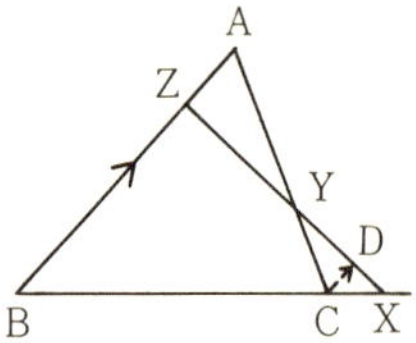

（証明）　点 C より BA に平行線 CD を引くと，

$\frac{XB}{XC}=\frac{BZ}{CD}$……①　$\frac{YC}{YA}=\frac{CD}{AZ}$……②

①，②を与式に代入すると

$\frac{BZ}{CD}\cdot\frac{CD}{AZ}\cdot\frac{ZA}{ZB}=1$

(61ページ)

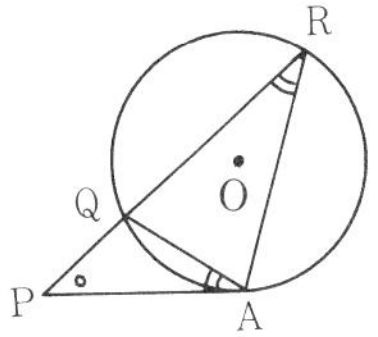

(証明)　左の図で，

△APQ∽△RPA（2角が等しい）

よって

$$\frac{PQ}{PA}=\frac{PA}{PR}$$

$\therefore PQ \cdot PR = PA^2$

(アポロニウスの円)

2定点A，Bから等しい距離にある点Pの軌跡は，線分ABの垂直二等分線である。PはPA：PB＝m：n(ただし，$m \neq n$)を満足する点とすると，点Pの軌跡は，線分ABをm：nに内分する点Cと外分する点Dとを直径の両端とする円Oの周である。これをアポロニウスの円という。

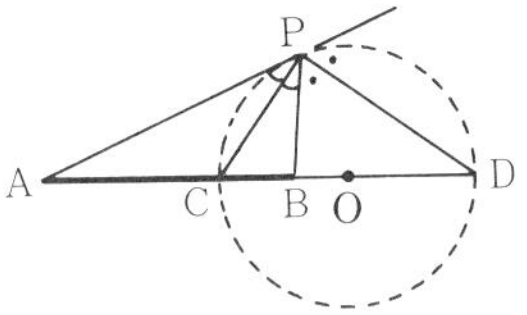

$$\begin{cases} AC : CB = m : n \\ AD : DB = m : n \end{cases}$$

(63ページ)

示性数 / 図形	点－線＋面	結果
正八面体	6 －12＋ 8	2
正十二面体	20－30＋12	2
正二十面体	12－30＋20	2

3つの立体（参考）

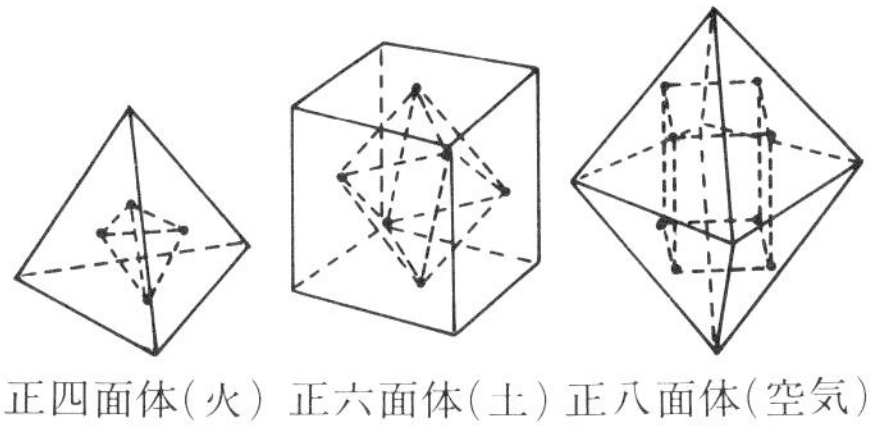

正四面体(火)　正六面体(土)　正八面体(空気)

(67ページ)

(1) $p \to q$

$\overline{q}$

$\therefore \overline{p}$

(例) 2の倍数ならば4の倍数である。

4の倍数ではない。

ゆえに，2の倍数でない。(×)

反例：6

(2) $p \to \overline{q}$

$r \to q$

$\therefore p \to \overline{r}$

(例) 三角形ならば四角形でない。

ひし形なら四角形である。

ゆえに，三角形ならばひし形でない。(○)

(3) $p \lor q$

$\overline{p}$

$\therefore \quad q$

(例) 3の倍数で5の倍数である。

3の倍数ではない。

ゆえに，5の倍数である。(○)

第3章　神の誤り

(85ページ)

$\sqrt{-1}$ についての計算では〝i〟とおくのが原則で，それを犯したことによる誤り。

(90ページ)

部分の数の数列は　1　2　4　8　16　32(？)　……　2^{n-1}　の数列か？

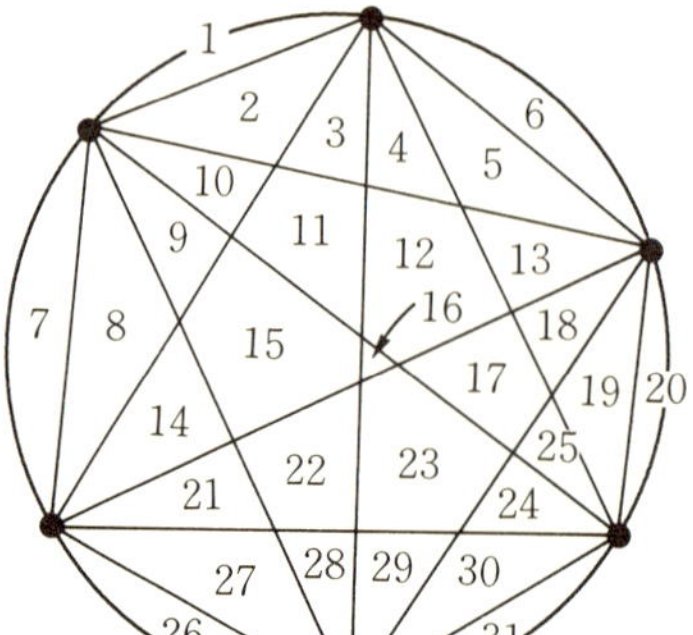

点が6個の左円では部分の数は31となり，予想がはずれた。点7で57，点8で99。これには次の公式がある。

$$f(n)=\frac{1}{24}n(n-1)(n^2-5n+18)+1$$

第4章　宗教と数学

（110ページ）

正方形化

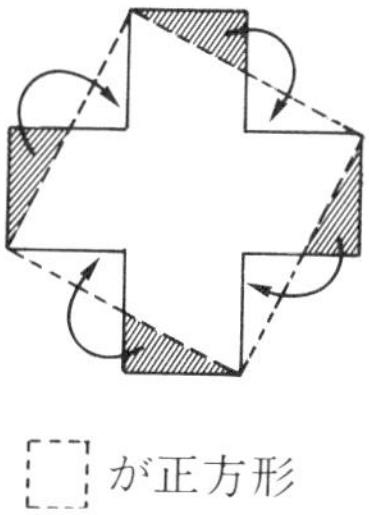

一筆描き

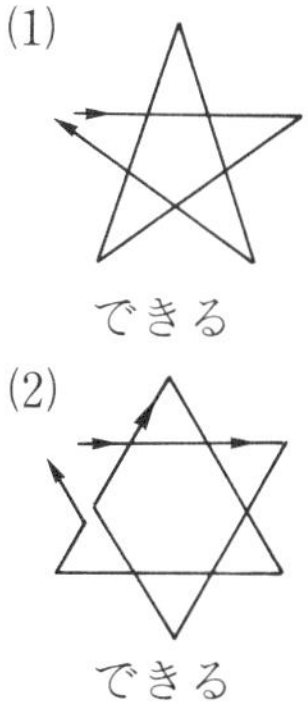

拾いもの

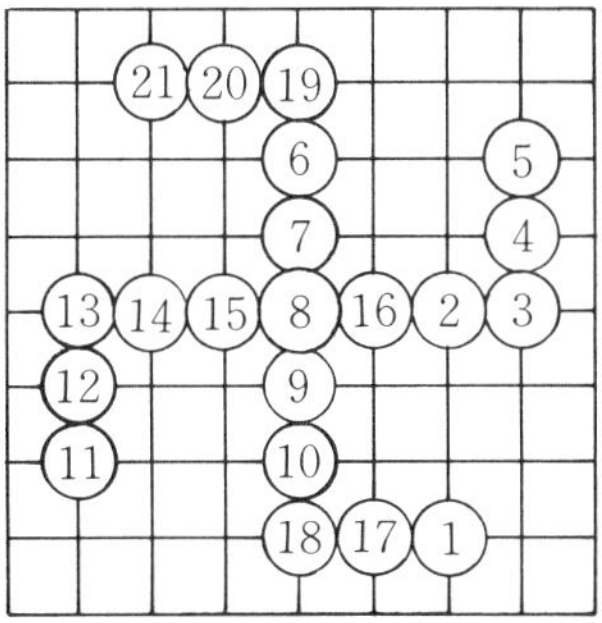

第5章　奇跡と数学

（なし）

世界数学遺産ミステリー④『メルヘン街道数学ミステリー』の〝遺題〟の答

（問１） つぎの合同式を解け。（解は整数値）

(1) $x-3\equiv 2 \pmod 4$

$x-3=2$ より　$x=5$

$x-3=6$ より　$x=9$

$x-3=10$ より　×

…………………………

(2) $4x+1\equiv 5 \pmod 2$

$4x+1=5$ より　$x=1$

$4x+1=7$ より　×

$4x+1=9$ より　$x=2$

…………………………

(3) $x^2-1\equiv 3 \pmod 4$

$x^2-1=3$ より　$x=\pm 2$

$x^2-1=7$ より　×

$x^2-1=11$ より　×

…………………………

(4) $2x^2+3\equiv 0 \pmod 5$

$2x^2+3=0$ より　×

$2x^2+3=5$ より　$x=\pm 1$

$2x^2+3=10$ より　×

…………………………

（問２） アルファベット（ゴチック体）の分類

I—C, I, J, L, M, N, S, U, V, W, Z

T—E, F, T, Y

K—G, K, X

O—D, O　　　など

（問３） まず，福引券１枚の期待金額を計算すると，

$(5000\times 1+500\times 9+100\times 90+10\times 900)\div 100=27.5$(円)

よって　25円より福引券をもらった方が有利。

本書の〝遺題継承〞

本シリーズは5巻であり，このNo.5で終りであるため，この遺題の解答はない。宗教戦争などないよう，〝世をマルクおさめる〞ことを祈って，円の問題にしたい――実験で答が得られるので調べてみよ――。

（問1）　次の各図をいくつかに切った後，組み合わせて円をつくれ。

(1)

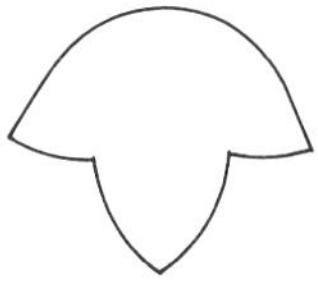

(2)

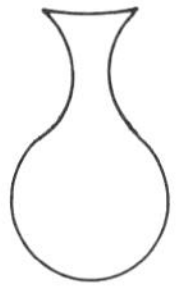

（問2）　下の図の白い部分の面積は，右図の正方形の面積に等しい。これを証明せよ。

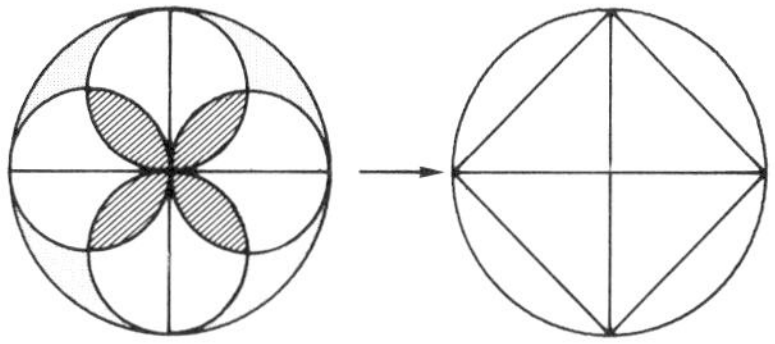

（問3）　縦5 cm，横8 cmの長方形の箱に，直径1 cmの球を詰めるとき，工夫によって40個以上詰められる。どのようにしたら何個詰められるか。

（問4）　円Oの内，外を，円Oの直径の$\frac{1}{7}$の小円をすべらずに回転させるとき，それぞれ何回転して，もとにもどるか。

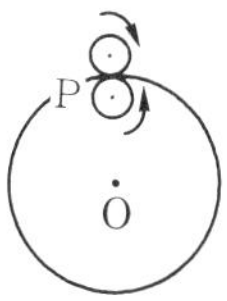

（問5）　下の上皿天秤(1)〜(3)から，⊕の重さは⊙の重さの何倍か。

(1)

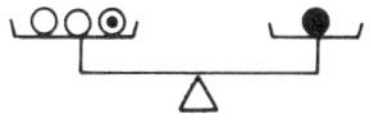

(2)

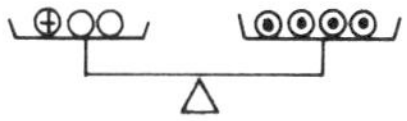

(3)

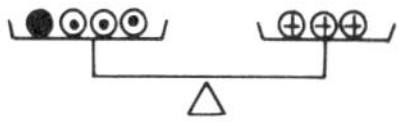

ただし，○，⊙，⊕，●の重さはみな異なる。

著者紹介

仲田紀夫

1925年東京に生まれる。

東京高等師範学校数学科，東京教育大学教育学科卒業。(いずれも現在筑波大学)

(元) 東京大学教育学部附属中学・高校教諭，東京大学・筑波大学・電気通信大学各講師。

(前) 埼玉大学教育学部教授，埼玉大学附属中学校校長。

(現)『社会数学』学者，数学旅行作家として活躍。「日本数学教育学会」名誉会員。

「日本数学教育学会」会誌 (11年間)，学研「会報」，JTB 広報誌などに旅行記を連載。

NHK 教育テレビ「中学生の数学」(25年間)，NHK 総合テレビ「どんなモンダイQてれび」(1年半)，「ひるのプレゼント」(1週間)，文化放送ラジオ「数学ジョッキー」(半年間)，NHK『ラジオ談話室』(5日間)，『ラジオ深夜便』「こころの時代」(2回) などに出演。1988年中国・北京で講演，2005年ギリシア・アテネの私立中学校で授業する。2007年テレビ「BS ジャパン」『藤原紀香，インドへ』で共演。

主な著書：『おもしろい確率』(日本実業出版社)，『人間社会と数学』Ⅰ・Ⅱ (法政大学出版局)，正・続『数学物語』(NHK 出版)，『数学トリック』『無限の不思議』『マンガおはなし数学史』『算数パズル「出しっこ問題」』(講談社)，『ひらめきパズル』上・下『数学ロマン紀行』1～3 (日科技連)，『数学のドレミファ』1～10『世界数学遺産ミステリー』1～5『おもしろ社会数学』1～5『パズルで学ぶ21世紀の常識数学』1～3『授業で教えて欲しかった数学』1～5『ボケ防止と“知的能力向上”！ 数学快楽パズル』『若い先生に伝える仲田紀夫の算数・数学授業術』『クルーズで数学しよう』(黎明書房)，『数学ルーツ探訪シリーズ』全8巻 (東宛社)，『頭がやわらかくなる数学歳時記』『読むだけで頭がよくなる数のパズル』(三笠書房) 他。
上記の内，40冊余が韓国，中国，台湾，香港，タイ，フランスなどで翻訳。

趣味は剣道 (7段)，弓道 (2段)，草月流華道 (1級師範)，尺八道 (都山流・明暗流)，墨絵。

神《かみ》が創《つく》った“数学《すうがく》”ミステリー

2007年7月7日　初版発行

著　者　仲《なか》　田《だ》　紀《のり》　夫《お》
発行者　武馬久仁裕
印　刷　株式会社太洋社
製　本　株式会社太洋社

発行所　株式会社 黎《れい》　明《めい》　書《しょ》　房《ぼう》

〒460-0002 名古屋市中区丸の内3-6-27 EBS ビル ☎052-962-3045
FAX052-951-9065 振替・00880-1-59001
〒101-0051 東京連絡所・千代田区神田神保町1-32-2
南部ビル302号 ☎03-3268-3470

落丁本・乱丁本はお取替します。　ISBN978-4-654-00945-9

日本音楽著作権協会(出)許諾第0706513-701号